| 沉住气才能有所作为 |

宿文渊　编著

别让沉不住气毁了你

中国华侨出版社

·北京·

　　人生在世，没有人一辈子交好运，也没有人一辈子走背运。失败、委屈、痛苦、无奈、寂寞等都是成功前必须要经历和承受的。一个沉不住气的人，心智肯定是不成熟的；一个沉住气的人，必然在大是大非面前不糊涂。面对世间百态，我们压住自己内心的不平、愤怒和躁动，只有在小处忍让，才能在大处获胜。

　　人们都渴望成功，但没有人随随便便就能成功，在面对黑暗的时候只有沉住气，才能有所作为。在苏轼《留侯论》中有这样一段话："古之所谓豪杰之士者，必有过人之节。人情有所不能忍者，匹夫见辱，拔剑而起，挺身而斗，此不足为勇也。天下有大勇者，卒然临之而不惊，无故加之而不怒。此其所挟持者甚大，而其志甚远也。"说的是古时候被人称作豪杰的志士，一定具有胜人的节操，拥有一般人没有的度量。普通人受到侮辱，拔剑而起，挺身上前搏斗，这不能算作勇敢。天下有一种真正勇敢的人，遇到突发的情形毫不惊慌，无缘无故地对他施加侮辱也不动怒。为什么能够这样呢？是因为他胸怀大志、目标高远。人生自有沉浮，当我们遇到突发事件时，要沉住气，做到"猝然临之而不惊""泰山崩于前而色不变"，以冷静的态度应对；当目标没有达成时，要沉住气，学会忍耐，等待机遇，继续努力；当遇到挫折或者失利时，要沉住气，心态平和，靠毅力咬紧牙关。时刻谨记：沉住气，才能成大器。

沉住气是成功的基石，是成功前的蓄积。只有耐得住寂寞、沉得住气，才有时间和精力去刻苦钻研、奋然前行。少了物质的羁绊，少了心灵的纷扰，做事情就会更加投入和专注。寂寞不一定都能通向成功，但所有的成功必有一段在寂寞中奋争的过程。远离喧嚣，敬谢浮名，认认真真做事，扎扎实实地积累与突破，这样才能在人生路上走得稳、走得远。过于浮躁，急功近利，往往适得其反，劳而无功。

本书从人生、处世、名利、职场、生活等方面对"别让沉不住气毁了你"进行了全面而深入的解读。全书内容丰富，分析精辟，观点鲜明、新颖、深刻，理论与实践相结合，引导读者深切地感悟沉住气的独特魅力和强大作用，在自己今后的生活实践中，学会沉住气，开创崭新的人生。

第三章　沉不住气，势必意气用事动真气

第四章　沉不住气，难免嫉贤妒能生闷气

第五章　沉不住气，必然急功近利少志气

第十四章　沉住气，运气就来了

第一章

沉不住气，难免耐不住寂寞不成器

　　宋代大文豪苏东坡说过："古之成大事者，不惟有超世之才，亦必有坚韧不拔之志。"这"坚忍不拔之志"里面就有沉住气，埋头去做，不放弃、不认输的进取精神。沉得住气，波澜不惊中蕴藏着勇猛精进的态度，低调平实中包含着积极进取的决心。无论何时，沉得住气都是我们通往成功的必备信条。

伟大是熬出来的

　　伟大究竟是怎样成就的？伟大的力量究竟在哪里？

　　冯仑在《野蛮生长》一书中说过，决定伟大的有两个最根本的力量，时间就是其中之一，时间的长短决定着事情或人的价值，决定着能否成就伟大。所以，当你要做一件你希望它伟大的事情时，首先要考虑你准备花多少时间。如果是一年，绝对不可能伟大，20年或许有可能。这么长时间怎么过？不可能一直顺风顺水，肯定要熬。

　　想要成就伟大，就要耐得住寂寞，埋头去做，用时间熬成伟大。

这是一个在中国地图上找不到的小岛，但历史上西方列强7次从这一海域入侵京津。在这个小岛上驻守着济空雷达某旅九站官兵。这个雷达站新一代海岛雷达兵在艰苦寂寞、气候恶劣的自然环境中，用青春和汗水铸起了一道天网。近年来，连队雷达情报优质率始终保持100%，先后20多次圆满完成中俄联合军事演习等重大任务，被誉为京津门户上空永不沉睡的"忠诚哨兵"。

这个雷达站80%的官兵是"80后"，70%的官兵来自城镇、经济发达地区和农村富裕家庭，50%的官兵拥有大中专以上学历。尽管如此，这些新一代军人仍然能够像当年的"老海岛"一样，吃大苦、作奉献、打硬仗。

风平浪静时，小岛十分美丽，初进海岛的官兵都会感到心清气爽。可不出一个星期，无法言喻的孤独和寂寞感就会悄然爬上心头。白天兵看兵，晚上听海风。值班时，盯着枯燥的雷达屏幕看天外目标；休息时，围着电视机看外面的世界。除了连队的文体活动场所外，小岛上没有任何可供官兵休闲娱乐的去处。每当有客船来岛，听到进港的汽笛声，没有值班任务的官兵，就会欢呼雀跃地拉起平板车跑向码头，去接捎给连队的货物，顺便看上一眼岛外来人的陌生面孔，呼吸几口船舱带来的岛外空气。孤岛上的寂寞，连祖祖辈辈生活在这里的渔民都发出这样的感慨："初来小海岛，心境比天高；常住小海岛，不如死了好。"

5年间，60多名战士从当兵到复员没有出过岛，他们守住了孤独，守住了寂寞。目前，九站已连续12年保持先进，年年被评为军事训练一级单位，先后两次被军区评为基层建设标兵连队，荣立集体二等功、三等功各一次。

用时间熬成伟大，是所有成就事业者遵循的一条原则。它以踏实、厚重、沉思的姿态为特征，以一种严谨、严肃、严峻的表象，追求着一种人生的目标。

人一生中际遇不会相同，伟大的标准也不会相同，只要你踏踏实实过好每一天，不断充实、完善自己，就能很好地把握机遇，成就伟大。有"马班邮路上的忠诚信使"称号的王顺友就是这样一个踏踏实实"熬"过每一天的人。

王顺友，四川省凉山彝族自治州木里藏族自治县邮政局投递员，全国劳模，是 2007 年全国道德模范的获得者。20 年来，他一直从事着一个人、一匹马、一条路的艰苦而平凡的乡邮工作。邮路往返里程 360 千米，月投递两班，一个班期为 14 天。22 年来，他送邮行程长达 26 万多千米，相当于走了 21 个二万五千里长征，围绕地球转了 6 圈！

王顺友担负的马班邮路，山高路险，气候恶劣，一天要经过几个气候带。他经常露宿荒山岩洞、乱石丛林，经历了被野兽袭击、意外受伤乃至肠子被骡马踢破等艰难困苦。他常年奔波在漫漫邮路上，一年中有 330 天左右的时间在大山中度过，无法照顾多病的妻子和年幼的儿女，却没有向组织提出过任何要求。

为了排遣邮路上的寂寞和孤独，娱乐身心，他自编自唱山歌，其间不乏精品，像"为人民服务不算苦，再苦再累都幸福"等。为了能把信件及时送到群众手中，他宁愿在风雨中多走山路，改道绕行以方便沿途群众，而且还热心为农民群众传递科技信息、致富信息，购买优良种子。为了给群众捎去生产生活用品，王顺友甘愿绕路、贴钱、吃苦，因而受到群众的广泛称赞。

20年来，王顺友没有延误过一个班期，也没有丢失过一个邮件、一份报刊，投递准确率达到100%，为中国的邮政事业做出了自己的贡献。

王顺友是伟大的，因为他耐住了寂寞，战胜了自己。很多人以为王顺友的日子太苦太难熬，其实，这就像爬山，熬过艰难的攀登过程，到山顶一看，天高云淡，神清气爽。我们每一个人，只有先去经历"熬"的过程，才能真正体会到"伟大"的境界。

任何人的一生，都是一趟漫长的旅行，沿途有无数的坎坷和泥泞。我们要以熬药、熬粥、熬汤的态度对待人生，能够忍耐，能够战胜坎坷，将日子慢慢地熬，耐心地过，每一天都过得香甜有滋味。

"熬"是一种难得的品质，不是与生俱来的，也不是一成不变的，它需要长期的艰苦磨炼和凝重的自我修养与完善。"熬"是一种有价值、有意义的积累。一个人的生活中总会有这样或那样的挫折，会有这样或那样的机遇，然而如果你有一颗能"熬"的心，用心去对待、去守望，伟大就会属于你。

人生最大的享受是磨砺

"滴水石穿，绳锯木断"，成功来自坚持，功夫全在于磨砺。"磨"不是怯懦的忍耐，而是为了实现某种目标而采取的手段。

在追求成功的道路上，很多人天赋异禀，因为没有毅力，很难到达胜利的终点；而那些资质平平的人，却可以凭借恒心，点滴积累，看到成功的顶点。正所谓：十年磨一剑，功夫全在磨。愿意坚持的人笑到最后，耐跑的马脱颖而出。

2006 年，一本名叫《明朝那些事儿》的历史小说声名鹊起，受到千万读者的热烈追捧。小说的作者"当年明月"才气横溢、嬉笑怒骂皆成文章。殊不知，在现实生活中，"当年明月"却是一个毫不起眼，甚至有点木讷内向的小伙子。

"当年明月"本名石悦，1979 年出生在一个平凡的家庭，他性格内向，成绩中等，没有任何特长，从小到大，一直被身边的人视为资质平庸、将来不可能有多大出息的男孩。石悦唯一有点与众不同的地方，就是对历史非常痴迷。小时候，别的男孩子都喜欢变形金刚、武侠小说，石悦却对《上下五千年》等历史书籍情有独钟，百看不厌，进入大学，许多同学忙着谈恋爱、沉溺于各种网络游戏，石悦仍然将自己的课余时间全都交给了史书。

大学毕业后，石悦考取了公务员。工作之余，石悦不抽烟不喝酒、不打麻将不泡吧，也不爱交朋友，他依旧躲进史书中与各朝各代的历史人物交友为伴。石悦成了众人眼中的另类，甚至大家觉得他有点孤僻。

直到有一天，一本名叫《明朝那些事儿》的历史小说在天涯论坛、新浪网站风起云涌，很多出版商赶到石悦的单位争相要和他签订出版合约时，同事们才知道，这个平时毫不起眼、有点木讷内向的小伙子就是目前网络中大名鼎鼎的当红作者"当年明月"。

后来，有媒体记者向石悦讨取成功经验时，他调侃地说道："比我有才华的人，没有我努力；比我努力的人，没有我有才华；既比我有才华，又比我努力的人，没有我能熬！"

石悦的成功确实是熬出来的，正因为他十年如一日地耐得住寂寞，迷恋于历史，才会换来今天的辉煌成就。石悦从忍受煎熬到享受煎熬的过程，完成了一个成大事者历经磨砺，进而蜕变腾飞的华美转身。

人生本身就是一种修炼的过程，有些人之所以能成功，并不是因为他们有与生俱来的天分，而是因为他们有志气，更重要的是他们能够调整自己的心态，在沉稳中磨炼身心。所谓"磨"，就是要磨炼心性，聚精会神地做一件事的过程和态度。无论何时，遇到怎样的困难，成功者都能为了实现某种目标而经历"磨"的过程，他们具备超凡的忍耐力，总能坦然地面对生活中的各种磨难，爆发时才能撑得起未来的辉煌。

自律方能有条不紊

有些人说创业伟大，因为能够领导别人。这其实是一种想当然的错误理解，伟大不是体现在领导别人上，而是体现在管理自己上。所谓管理自己其实就是自律，是人的一种重要的品质，同时也是一种最容易被人忽略的品质。

孔子说："躬自厚，而薄责于人，则远怨矣！""躬"就是反躬自问，"自厚"并不是对自己厚道，而是对自己要求严格。当别人做错事，责备别人时，不要像对自己那样严厉。只有严于律己、宽以待人，才能远离别人的怨恨。

自律是一个人的优良品质，一个人要想担负起责任，没有这种品质是不行的；一个人如果想很好地为自己的团队服务，也必须具备这样的品质。它之所以这样重要，因为它是一个优秀人才必备的素质，同时也是任何人都希望具有的素质。

通用电气原董事长兼 CEO 杰克·韦尔奇认为，一名优秀的职员应该具备出色的自制能力，一个连自己都管理不了的人，是无法胜任任何职位的，当然，最终他也不会成为一名好职员。

一名初入歌坛的歌手，他满怀信心地把自制的录音带寄给某位知名制作人。然后，他就日夜守候在电话机旁等候回音。

第一天，他因为满怀期望，所以情绪极好，逢人就大谈抱负。第十七天，他因为不明情况，所以情绪起伏，胡乱骂人。第三十七天，他因为前程未卜，所以情绪低落，闷不吭声。第五十七天，他因为期望落空，所以情绪极坏，拿起电话就骂人。没想到电话正是那位知名制作人打来的。他为此毁了希望，断送了前程。

覆水难收，徒悔无益。我们在为这名歌手深深惋惜的同时，也更深刻地明白了无法克制自己的情绪带来的危害。

对于自制自律的问题，诙谐作家杰克森·布朗有过一个有趣的比喻："缺少了自我管理的才华，就好像穿上溜冰鞋的八爪鱼。眼看动作不断可是却搞不清楚到底是往前、往后，还是原地打转。"如果你有几分才华，自以为付出的努力也很多，却始终无法获得应有的成就，那么，你很可能缺少自我约束的能力。

有一位立下了赫赫战功的美国上将，有一次他去参加一个朋友的孩子的洗礼，孩子的母亲请他说几句话，以作为孩子漫长人生征途中的准则。将军把自己历经苦难，以致最终荣获崇高地位的经历，归纳成一句极简短的话："教他懂得如何自制！"

生活中，大多数人很难在开始的时候就具备出色的自律能力。往往是经历了他律、协助性自我管理之后，才能实现真正意义上的自我管理。

自律能力在完善一个人的个性方面起着巨大的积极作用。"如果一个人没有自律能力，那他在工作上的敬业程度就会大打折扣。"一家大企业的人力资源经理举了这样一个例子："我们的上班时间是8：30，有人8：20就到了，有人8：30到，也有人8：40才到。在平时看不出这三类人有什么本质上的区别。但是在关键时刻，或许正是因为这迟到10分钟的习惯，误了大事。这其实就是每个人的自律能力不同导致的后果。"

当你意识到自制自律的重要性，并在日常工作、生活中加以实施时，你会发现，无论你做什么事，都会得心应手，有条理可循。

阻碍我们的不是能力，而是狭隘

在现实生活中，普遍存在着这样一种人，他们在工作中取得了一点成绩后，便骄傲自满起来。然而，这样的人由于沉不住气，缺乏继续攀登的决心，他们在工作中没有付出100%的努力，也就很难有更好、更具建设性的想法或行动。所谓船到江心，不进则退，如果他们持续抱有这样不思进取的态度，其结果可想而知。

纳迪亚·科马内奇是第二个在奥运会上赢得满分的体操选手，她在1976年蒙特利尔奥运会上完美的表现，令全世界为之侧目。

有一次在接受记者采访时，当纳迪亚·科马内奇被问到她为何会有如此完美的表现时，她说："我总是告诉自己'我能够做得更好'，不断鞭策自己更上一层楼。要拿下奥运金牌，你不能过正常人的生活，要比其他人更努力才行。对我而言，做个正常人意味着会过得很无聊，一点儿意思也没有。我有自创的人生哲学：'别指望一帆风顺的生命历程，而应该期盼成为坚强的人。'"这就是她为自己所设定的标准。

一般人认为还可以接受的标准，对于像纳迪亚·科马内奇这样渴望成功的人而言，却是无法接受的低标准，他们会努力达到更高的标准。

美国富兰克林人寿保险公司前总经理贝克这样告诫他的员工："我劝你们要永不满足。这个不满足的含义是指上进心的不满足。这个不满足在历史中已经导致了很多真正的进步和改革。我希望你们绝不要满足。我希望你们永远迫切地感到不仅需要改进和提高你们自己，而且需要改进和提高你们周围的世界。"

这样的告诫对于我们每一个人来说，都是必要的。不思进取的人不但不能够发展，说不定还会在日益激烈的社会竞争中被淘汰。只有那些沉住气，能够不断学习，适应形势需要的人才能够在这个社会中长久地生存。一个和自己较劲的人，就拥有了不懈的动力，凭借这样的动力，才能够不断提升自己，全力以赴将任何事情做到最好，也为改变自己的命运提供了更多的机会。

在人类航海史上，哥伦布靠着超越的信念和勇气，书写下了光辉的一页。在他每一天的航海日记上都会出现这样一句话："我们继续前行！"

是的，人生就是一个不断攀登、不断超越的过程，漫漫的人生路途中，也许会阴云密布，令你感到茫然无措，但是只要你从始至终都坚定自己的信念，就会迎来阳光灿烂、鸟语花香的美景。只有不断地超越自己，才能成功。

曾经有一个笑话：

一个渔翁在河边钓鱼，一条接着一条，收获颇丰。奇怪的是，他钓到大鱼就把它放回河里，小鱼才装进鱼篓里。路人很好奇，便走过去问他为什么要这么做。渔翁答道："你以为我喜欢这么做吗？我也是没办法呀！我只有一个小煎锅，煎不了大鱼啊！"

很多时候，我们就像这位渔翁一样，虽有一番雄心壮志，却习惯性地告诉自己："算了吧，我只有一个小煎锅，可煎不了大鱼。"我们甚至会进一步找借口来劝慰自己："如果这是个好主意，别人一定早就想过了。我的胃口没有那么大，还是挑容易一点的事情做好，别把自己累坏了。"

多数人遭受失败的原因在于他们不能正确地判断自己的能力，低估了自己的价值。只有不平凡的个性才能成就不平凡的人生。韦尔奇说："要么做行业第一，要么做行业第二，达不到就不要去做。"人的追求在哪儿，他的人生也就在哪儿，追求永无止境，你的成就也就永无止境，一旦在心里为自己预设一个追求的高度，你的人生就会局限在一个小圈子里，难以再有突破。

新希望集团总裁刘永行说过："如果我们每个人不是把事情做到九分，而是做足十分，如果整个企业所有人都这样，我相信我们的员工就能拿到十倍于现在的工资。如果我们每个人的工作都改进一点，做足十一分，尽到十二分的责任，我们就能够赶上欧美。企业发展了，个人也才会随之发展。"

"没有最好，只有更好！"不管你从事什么行业，不管你有什么样的技能，你仍然应该不断激励自己："不断刷新我的业绩，我的位置应在更高处。"只有沉得住气，永远进取的人才能够在事业上获得一个又一个上升的台阶。

别让房子毁掉你的梦想

俗话说"先成家，后立业""安居才能乐业"，在这些观念影响下，很多刚刚走上社会的年轻人迫不及待地买房，不单是把自己每个月的大部分收入用来供房，更有甚者在交首付时还榨干父母辛劳半生的积蓄。

买房真的这么着急吗？你是否意识到，在你年轻的时候，买一套房子在多大程度上毁掉了你的梦想？先来看下面一个故事：

1951 年，巴菲特在哥伦比亚大学毕业，在纽约找不到工作，于是回到了老家奥马哈做股票经纪人。一年以后，巴菲特遇到了自己喜欢的姑娘苏珊，于是向她求婚。苏珊问他，房子怎么办？结婚后我们住哪里？

巴菲特说，我才工作一年，加上其他积蓄，我手头上只有 1 万多美元。我们有两个选择：第一，花这笔钱买个小房子；第二，租房结婚，我先拿这笔钱做投资，过几年可以买个大点的房子。苏珊选择了第二个方案。

于是巴菲特和苏珊在租来的房子里结婚，一年后他们的第一个女儿出生。1956 年，租房子住 4 年后，26 岁的巴菲特成立巴菲特联合有限公司，开始创业。1958 年，巴菲特的事业才有了起色，他的投资开始获利，于是花了 3.15 万美元买下位于奥哈马的一座灰色小楼，至今住在这里。

1962 年，结婚 10 年后，巴菲特赚到了自己人生的第一桶金——100 万。虽然周围的朋友有很多都住上了大房子，但巴菲特没有考虑改善居住环境，而是把钱投入他的事业中。2008 年，巴菲特拥有 620 亿美元的资产，成为世界首富，但他们至今仍住在奥哈马的那座灰色小楼里。

如果当时巴菲特和苏珊选择买房而不是发展自己的事业，估计巴菲特现在仍将是一个普普通通的股票经纪人，而不是一个全世界最著名的投资商。

刚刚踏入社会的年轻人，投资自己远远比投资房子更重要，事业的起步和发展是需要时间和积累的，即使是股神巴菲特这样的天才，从事业起步到收获第一桶金也需要 10 年的发展机会。

无独有偶，国内大部分创业者也是在他们最适合创业的年代，选择了创业而不是买房。

1998 年，马化腾等 5 人凑了 50 万，创办了腾讯；1999 年，漂在广州的丁磊用 50 万创办了网易；1999 年，陈天桥炒股赚了 50 万，创办了盛大；1999 年，马云团队 18 人凑了 50 万，注册了阿里巴巴。

之所以都是 50 万，是因为当时的《公司法》规定，要注册必须是 50 万。50 万在当时能干什么？1998 年的时候，深圳市平均房价在每平方米 3000 元左右，也就是说，如果马化腾们当年拿这些钱来买房子，应该可以买一套 100 多平米的房子。

可以说，当年的马化腾们做了一个不错的选择——不买房，买梦想，从而成就了自己辉煌的事业。与他们持类似观点的还有国内房产业大佬王石。2008 年初，国内楼市初现调整之时，王石抛出了惊人之语："对于那些事业没有最后定型，还有抱负、有理想的年轻人来说，40 岁之前租房为好。"

可以说，从职业发展来看，一套房子会毁掉你一生的梦想。据调查，不购房的人一个月之内就可以跳槽到新的行业和公司，承担转换行业与职位的短暂压力，获得更好的发展机会；只要准备 8 个月就可以尝试创业。而选择购房的人做出这些改变的阻力则要大得多。简单来说，如果你有一份 5000 元的工作，用 20 年的贷款买了一套最一般的房子。那么在接下来 20 年的时间中，在我们最有旺盛的学习力与拼劲的年代，在我们最需要选择自己适合的职业目标，在我们最有机会开始尝试创业的年代，我们却不敢轻举妄动，甚至会永远与这些机会擦肩而过。

面对当今"买房难，难于上青天"的社会形势，我们应该沉住气，多给自己一些发展和规划的时间。美国人平均 31 岁才第一次购房，德国人 42 岁，比利时人 37 岁，欧洲拥有独立住房的人口占 50%，剩下的都是租房。我们凭什么要一踏上社会就买房，而且还要为之卖出我们的发展与梦想？

要有善于忍耐的心性

人的一生只有短短数十年，谁不想在这世上干出一番事业，留下一世英名？可是这世界上的人能做事的不少，能成大业者却微乎其微。为何会如此：因为能成事者除了要有各方面的主客观条件外，还需要有善于忍耐的心性。

孔子说："小不忍则乱大谋。"意思就是如果不能忍受一时一事的干扰，不能忍住一星一点的欲望需求，则会因此而影响全局，以至于破坏即成的大事。

《卧虎藏龙》让华裔导演李安名噪一时。有人认为他的成功全靠运气，其实，李安能有今天的成功，与他的坚忍密不可分。

1978 年 8 月，艺专毕业后，李安申请到美国伊利诺大学攻读戏剧。1983 年顺利拿到硕士文凭后，李安花了一年的时间制作自己的毕业作品。作品出来时，除了得到当年最佳作品奖的荣誉外，也吸引了经纪人公司的注意，有一家经纪人公司不仅与他签约，还表示要将李安推荐到好莱坞。

进入好莱坞电影城发展几乎是每个年轻人的梦想，李安也不例外。与经纪人公司签约后，李安原以为离梦想已经不远了，但事情并不如想象中美好。原来所谓的经纪人，并不是帮他介绍工作，而是要等他有了作品后，再代表他把这部作品推销出去。然而没有剧本，哪里来的电影作品？于是，毕业后的李安，转而专心埋首于剧本创作。

墙上的日历就像李安笔下的稿纸一样，撕了一张又一张，整整

6 年的时间，他都待在家里写剧本，等机会。

要进好莱坞，谈何容易！于是李安选择从台湾出发，果然，电影《推手》一推出，立即受到来自各界的瞩目与好评，李安 6 年的蛰伏得到了肯定。他说："6 年不是一段短时间，如果没有相当的耐心，可能早已消沉了。"

6 年中，李安最大的体会就是，身处逆境时千万不要焦躁不安、盲目挣扎，"我庆幸自己学会了忍耐，才有今日的成就"。

忍耐是中国人的处世之道，是中国两千多年来的儒家思想的精髓。中国历史上的许多成名人物都是靠忍字而成大业的。现代世界上许多在事业上非常成功的企业家、金融巨头亦将忍奉为修身立本的真经，均在自己家中、办公室中悬挂着巨大的忍字条幅……可以毫不夸张地说，忍学是世界上成功的企业家、政治家、军事家、外交家、科学家的必修之课。

忍，是一种韧性的战斗，是战胜人生危难的有力武器。

为什么要提倡"忍"呢？这是根据某些事物的具体情况来决定的。有的时候，你处于十分尴尬的境地，无论你怎么努力，成效似乎都不大，被你一直信奉不疑的"一分耕耘，一分收获"似乎不再有效，这就好比手中拿着一万块钱却想通过自己的精心测算、分析来撼动股市一样。此时，你所做的最好策略就是不要凭着自己的"蛮劲"，一味地相信自己的判断，投入某些前途极端凶险的股票中，相反，若退一步，静观一下股市变化，先求其次，待选定时机东山再起，投入所选中的冷门中，这时你才能真正获得成功。所以说，忍耐的过程是痛苦的，结果却很甜蜜。

把事做到极致，为目标而坚守

在追求梦想的道路上，要时刻提醒自己：做事的时候不要一味地贪多求快，凡是真正成大事者，都会戒骄戒躁。只有坚持不懈，梦想才不再遥远。

坚持就是胜利，所有人都懂得这个道理，但是要真正做到并不容易。始终记着心中的目标，坚持就不再是盲目的举动。古人云"不积跬步，无以至千里；不积小流，无以成江海"，坚持不懈地努力，最终会换来丰硕的果实。

1882 年，26 岁的考拉尔来到英国斯特林镇的一所学校当教师。他热爱读书，一次，他想在学校附近买几本书，结果却发现整个斯特林镇都找不到一家书店。

考拉尔想："为什么我不能自己开一家书店呢？这样，我能够在赚钱的同时读到自己喜欢的书。"想到这里，考拉尔开始行动了。

经过一番忙碌，一家名叫"思想者"的书店正式开张营业了。

可是，书店的生意并不好，因为镇上的人都没有读书的习惯。一连几个月下去，书店基本上可以说是门可罗雀。考拉尔想："生意刚开始时都是难做的。只要我能够坚持到底，迟早会做起来的。即便真的做不起来，我就当这些书是自己的藏书算了。"

就这样，考拉尔在困境中坚持了下来。

可是，书店的生意越来越差。幸好考拉尔和妻子都有一份稳定的工作，他们将自己的收入几乎补贴在了书店上，可依然入不敷出。这时，身边的朋友们都劝考拉尔干脆把书店关了算了，既然赔钱，干嘛还要开下去。这个时候，考拉尔的思想已经发生了转变，他由最初的单纯经营转变成为弘扬文化而经营。他坚定地说："对于一个城市来说，书店是城市文明的象征，它能够带给人们知识和力量。不管书店生意如何，我都决定坚持下去。"

此后，即使遇到了金融危机，遭遇了两次世界大战，考拉尔的书店依旧照常营业。当初的斯特林镇也变成了斯特林市。

1948年，92岁高龄的考拉尔走到了生命的尽头，临终前，考拉尔告诉自己的子孙，以后不管时代如何变迁，书店都要一直开下去。

2004年，斯特林市参加了全球50个文明城市的竞选，在激烈的竞争中，斯特林市得分落后，眼看就要落选了。这时，有人向市长提到了存在了上百年的"思想者"书店。这个建议让市长眼前一亮。当他把"思想者"的牌子打出去后，"百年老店"的坚守精神让斯特林市得到了更多人的尊重。评选结束后，斯特林市不但入选，名次还排在前十。

一时间，考拉尔的"思想者"书店名扬四海，很多慕名而来的人被考拉尔的精神所感动。就这样，"思想者"书店不但成为了当地最著名的旅游景点，还成为了当地销售额最高的书店。现在每年的销售额已经达到了几百万美元。

2006年，考拉尔的后人接手了书店。他对书店一百多年的经营作了详细的分析，结果发现，在考拉尔经营的66年里，书店有9年在赚钱，17年持平，其余的40年都一直处于亏损状态。

对此，考拉尔的后人动情地说："面对这样的经营情况，我不知道世界上有几个人能够坚持66年。我无法想象我的祖先是如何度过那段岁月的。在那个年代，他绝不会想到书店能带来如此巨额的利润。事实上，他只是在一个思想贫瘠的时代，为文明而苦苦坚守。"

如今，"思想者"书店为考拉尔家族带来了数不尽的金钱与荣誉，但这一切，都源于考拉尔最初的坚持。其实，人生中有许多时候都是需要坚持的。谁坚持到最后，谁就能赢得胜利。许多伟大的成就都是坚持的结果。不管未来多么遥远，前方的道路多么坎坷，只有坚持到底，才能获得胜利。

世间最容易的事常常也是最难做的事，最难的事也是最容易做的事。说它容易，是因为只要愿意做，人人都能做到；说它难，是因为真正能做到并持之以恒的，终究只是极少数人。巨大的成功靠的不是力量而是韧性，竞争常常是持久力的竞争。有恒心者往往是笑到最后、笑得最好的胜利者。每个人都有梦想，而追求梦想需要不懈地努力，只有坚持不懈，成功才不再遥远。

第二章

沉不住气，怎能临之不惊压得住事

　　世界潜能激励大师安东尼·罗宾斯说过："成功的秘诀就在于懂得怎样控制痛苦与快乐这两股力量，而不为这两股力量所反制。如果你能做到这点，就能掌握住自己的人生，反之，你的人生就无法掌握。"这就需要我们"卒然临之而不惊，无故加之而不怒"，面对困境要从容，面对顺境要超然，不论得失成败，不论荣辱盛衰，不论喜怒哀乐，都要沉着冷静，以不变应万变，把事情做得更好。

自制力推你走向成功

　　苏轼在《留侯论》中写道："天下有大勇者，卒然临之而不惊，无故加之而不怒。此其所挟持者甚大，而其志甚远也。"意思是：天下有一种真正勇敢的人，遇到突发的情形毫不惊慌，无缘无故地对他施加侮辱也不动怒。为什么能够这样呢？因为他胸怀大志，目标高远。人的一生中会遇到很多问题，也会遇到很多挫折，一个随意让情绪迸发出来而不能自控的人，一定是与成大事无缘的。只有学会自制和忍耐，控制自己的情绪，保持平稳的心态，才能客观地把问题解决，才能取得成功。

　　一家大百货公司受理顾客投诉的柜台前，许多女士排成长龙争着向柜台后的那位年轻女士诉说她们所遭遇的困难，以及这家公司的不是。在这些投诉的妇女中，有的十分愤怒且不讲理，有的甚至讲出很难听的话，柜台后的这位年轻女士一一接待了她们，没有表现出任何嫌恶。她脸上始终带着微笑，指导她们前往合适的部门，她的态度优雅而镇静。

　　这位女士背后还有一位年轻女士，她在一些纸条上写下了一些字，然后把纸条交给站在前面的那位女士。这些纸条很简要地记下了妇女们抱怨的内容，但省略了她们的尖酸而愤怒的语气。

　　原来，站在柜台后面、面带微笑聆听顾客抱怨的年轻女士耳朵失聪，她的助手通过纸条把所有必要的事实告诉她。

　　这家公司的经理对他的人事安排是这样解释的，他之所以挑选一名耳朵失聪的女士担任公司中最艰难而又最重要的一项工作，主要是因为他一直找不到其他具有足够自制力的人来担任这项工作。旁观者发现，柜台后面那位年轻女士脸上亲切的微笑，对这些愤怒的妇女产生了良好的影响。她们来到她面前时，个个愤怒暴躁，但当她们离开时，个个温顺柔和，有些人离开时，脸上甚至露出羞怯的神情，因为这位年轻女士的“自制”使她们对自己的行为感到惭愧。

　　面对投诉的顾客，只有失聪的人才能始终保持和善的态度与微笑，而正常人却没有足够强的自制力来胜任这一工作。由此证明，人世间，最顽强的"敌人"正是你自己，最难战胜的也是你自己，而做人最大的难题则是管好自己。

在生活中，也许你什么道理都懂，可是你却总是管不好自己。你不想面对那些麻烦，总是放到不得不做时才做，或者说哪天你比较能管得住自己的时候做，你甚至为自己是一个知足的人而骄傲，为自己是一个无欲无求的人而自豪，可是你真的那么知足吗？

是啊，你不满意自己成为这样的人，你想做得更多，想证明你活着的价值，而实际上你缺少的就是行动，你始终无法管好自己，控制自己。

歌德说："毫无节制的活动，无论属于什么性质，最后必将一败涂地。"歌德是最伟大的诗人之一，他在这里告诫人们：不论做任何事情，自制都至关重要。自我节制，自我约束，是一种控制能力，尤其是人们的性格和欲望，一旦失控，就可能随心所欲，结局必将一败涂地，不可收拾。所以说，歌德的这句话对每个人都适用。

拿破仑·希尔对美国各监狱的16万名成年犯人做过一项调查，结果他发现了一个令人惊讶的事实：这些人之所以身陷牢狱，有99%的人是因为缺乏必要的自制，没有理智，从不约束自己的行为，以致走向犯罪的深渊。

人类是有自我意识的高级动物，只要我们有意识地进行自我控制，一定可以成功。下面是一些进行自我控制的有效方法：

1. 尽量不要发怒

"匹夫之怒，以头抢地尔"，发怒不但解决不了问题，反而容易把问题复杂化，容易伤害别人和自己。

2. 受到不公平待遇时，不要怨天尤人

怨天尤人是一种消极的心理，不但得不到别人的同情，反而容易引起别人的反感。

3. 要改变急躁的脾气

有些事情着急也是没有用的，该来的终究会来，该发生的终究会发生，要保持镇定自若，要知道，欲速则不达，急于求成反而易受其害。

4. 受到别人不公平对待时，要抑制住自己的委屈

一个人可以受一时委屈，但不会一世受委屈。天总有晴空万里的时候，人总有扬眉吐气的时候，关键是自己要看得开、放得下。

5. 要抑制住自己悲愤的情绪

社会上的人各种各样，谁都免不了受到伤害。所以，在保护自己的同时，要冷静理智地寻求解决问题的办法，而不要悲愤难当。

6. 不要像井底之蛙一样狂妄自大

狂妄会引起别人的讨厌，会引起别人的排挤。其实，任何能力都有局限性，强中自有强中手，能人背后有能人。

7. 要适当娱乐

要经常进行自我娱乐来调节身心，使自己轻松快乐，但不可过度，因为"业精于勤荒于嬉，行成于思毁于随"。

8. 不要放纵自己

"酒是穿肠的毒药，色是刮骨的钢刀"，切记不可放纵自己，否则就会迷失方向，意志涣散，最终走向堕落。

自制是在行动中形成的，也只能在行动中体现，除此之外，再没别的途径。自制的养成是一个长期的过程，不是一朝一夕的事。

因此，要自制首先就得勇敢面对来自各方面的一次次对自我的挑战，不要轻易地放纵自己，哪怕它只是一件微不足道的事情。自制，同时也需要主动，它不是受迫于环境或他人而采取的行为，而是在被迫之前就采取的行为，前提条件是自觉自愿地去做。

从容是一种心灵优势

明代的吕坤在其所著的《呻吟语》中说："事从容则有余味，人从容则有余年。"面对挫折，只有从容，才能临危不乱；只有从容，才能举止若定；只有从容，才能化险为夷。

刘伯承青年时在战斗中被打伤右眼，到重庆由德国医生沃克进行治疗。他们有这样一段对话：

"你是干什么的？"

"邮局职员。"

"你是军人！"沃克一针见血地说，"我当过德国军医，这样重的伤势，只有军人才能这样从容镇定！"

病人微微一笑，锐利地回答："沃克医生，军人处事靠自己的判断，而不是靠老太婆似的喋喋不休！"

当时，袁世凯正悬赏十万大洋买刘伯承的人头，在这样险恶的环境中，遇到对方的怀疑，刘伯承不是辩解或乞求，而是镇定自若地回答。正是刘伯承男子汉的语言和行为，深深感动了沃克医生，他嚷道："你是一个真正的男子汉，一块会说话的钢板！按德意志的说法，你是军神。"

突如其来的变故是很好的试金石，能明晰地鉴定一个人素质的优劣、强弱。那些养鸟的行家，在选鸟的时候，都要故意去惊吓那些鸟，所以那种稍受一点儿惊吓就扑扑拍翅、乱成一团的鸟是首先被淘汰的。

可是在现实生活里，很多人却少了一份从容，对人生抱有一种力求完美的心态，凡事都要全力以赴，事事都不能落后于人，他们可能会因为衣服不好看而拒绝集体出行，也可能因为学识不佳而不敢跟人谈恋爱。

人生根本没有什么所谓"十全十美"的事情，何必把自己折腾得这么累？凡事尽力而为即可，无法改变的事情就不要过度在意，要懂得从内心善待自己，才能成为一个真正幸福快乐的人。

著名发明家爱迪生费尽大半生的财力，建立了一个庞大的实验室。但不幸的是，因为一场大火，他一生的研究心血几乎付之一炬。

当儿子在火场附近焦急地寻找他时，看到已经67岁的爱迪生居然静静地坐在一个小斜坡上，看着熊熊大火烧尽一切。

爱迪生见儿子来找他，扯开喉咙叫儿子快去找妈妈来："快把她找来，让她看看这场难得一见的大火。"大家都以为大火可能对爱迪生造成了重大打击，但是他说："大火烧去了所有的错误。感谢上帝，我们又可以重新开始了。"

没多久，新的实验室建起来了。时至今日，爱迪生实验室已成为科学家的摇篮。

生活中，经常有人像爱迪生那样遭受意想不到的挫折，然而大多数人会绝望、消沉。心态消沉的人的命运可能会被大火吞没，其实，只要走出消沉，成功就在不远处等你了。

重大成功的背后往往是巨大的失败风险，面临危机和困难时，我们最需要、首先也必须做到的便是镇定和从容。一个临危不惧、镇定从容的人才能在危难面前不乱阵脚，充分运用他的理性在最短的时间内集中力量想出解决问题的最佳方案。而且，沉着和从容还能起到稳定人心的作用，让所有的人都能安心地共渡难关。

培养镇定从容的性情，是很多人一生的追求。但是很少有人能够像陶渊明那样，身处山谷陌巷，还能够"采菊东篱下，悠然见南山"。要培养镇定从容的气质，首先就要学会有意识地控制自己的情绪。任何时候都不要图一时之快发泄心中的喜怒，也无须将自己的情绪写在脸上，这样的人才能够慢慢把自己培养成为一个遇事沉着、从容的人。

先有超然气度，方有翩翩风度

气度是一种高尚的人格修养，一种"宰相胸襟"，一种成大事的大将风范。有气度的人，很少计较一城一地的得失，得之淡然，失之泰然。有气度不仅意味着一种超然，更是一种智慧、一种胸襟。

有气度的人，在遭遇突发事件时，总是能沉得住气，这就会使一些猜忌和误会消失于无形，由此能避免许多无谓的冲突和不良的后果。他能使自己心性平静、神采安逸。他不会因为自己的个人得失而心潮起伏，也不会因为蝇头微利而斤斤计较，更不会为了鸡毛蒜皮之事而争得你死我活、脸红脖子粗。他心胸开阔，善明事理，目光远大，勇于开拓，他追求的是永恒的春天、快乐的人生。

在男子体操史上，一直流传着这样一个故事：

男子体操单杠决赛上，28岁的俄罗斯老将涅莫夫第三个出场，他在杠上一共完成了直体特卡切夫、分体特卡切夫、京格尔空翻、团身后空翻2周等连续6个精彩绝伦的空翻和腾越，非常完美，只是在落地时出现了一个小小的失误——向前移动了一步，观众把最热烈的掌声送给了他。但是裁判只给了他9.725分！

紧接着，令人意想不到的情况出现了：全场观众不停地喊着"涅莫夫！""涅莫夫！"并且全部站了起来，不停地挥舞手臂，用持久而响亮的呼声，表达对裁判的愤怒。比赛被迫中断，第四个出场的美国选手保罗·哈姆虽已准备就绪，却只能尴尬地站在原地。

此时，已退场的涅莫夫从座位上站起来，露出了成熟的微笑，向朝他欢呼的观众挥手致意，并深深地鞠躬，感谢观众对自己的喜爱和支持。涅莫夫的大度反而进一步激起了观众的不满，呼声更响了，很多观众甚至伸出双手，拇指朝下，做出不文雅的鄙视动作。不同国度的观众这个时候结成了同盟，俄罗斯的、意大利的、巴西的……不同国家的旗帜飞舞着。

在如此巨大的压力下，裁判终于被迫重新打分，这一次涅莫夫得到了9.762分。但裁判的退让根本不能平息观众的不满，观众的呼声反而显得更为理直气壮。重新准备开始比赛的保罗·哈姆只能僵立在原地。

这时，涅莫夫显示出了非凡的人格魅力和宽广胸襟，他重新回到心爱的单杠边。只见涅莫夫先是举起强壮的右臂表示感谢观众的支持；接着伸出右手食指做出嘘声的手势，请求观众给保罗·哈姆一个安静的比赛环境；然后具有大将风范地双手下压，要求观众们保持冷静。

观众理解了涅莫夫的苦心，他们渐渐安静了，中断了十几分钟的比赛才得以继续进行。

最终，涅莫夫没有拿到金牌，但他仍然是观众心目中的"冠军"；他没有打败对手，但他以自己的气度征服了观众。他是那晚当之无愧的无冕之王，他劝慰观众的感人一幕如大片中的经典场景，让人久久无法忘记。他的行为，捍卫了尊严；他的风度，赢得了尊敬。这就是气量的魅力，拿得起，放得下，不计较，善爱人，能宽容。放大自己的气量，一个人也就摆脱了名利、得失之心的困扰。

是否拥有气度，关键看三点：一是平等的待人态度，不自认为高人一等，保持一颗平常心，平视他人，尊重他人；二是宽阔的胸襟，胸怀坦荡，虚怀若谷，闻过则喜，有错就改；三是宽容的美德，能够仁厚待人，容人之过。由此，气度实际上反映了一个人的素养和品性。

要有气度，宽容他人，就必须做到互谅、互让、互敬、互爱。互谅就是彼此谅解，不计较个人得失。人都是有感情和尊严的，那些争名于朝，争利于市，一事当前先替自己打算，对个人得失斤斤计较的人，是难以与他人和睦相处的。

在不如意的人生中好好活着

拥有一个幸福的人生其实也很简单："第一是不要拿自己的错误惩罚自己，第二是不要拿自己的错误惩罚别人，第三是不要拿别人的错误惩罚自己。"遵守这"人生幸福三诀",就不会活得太累。

生活的画卷已经摊开在你面前,是屈服地被动而行,还是坦然地积极描绘,生活会告诉你不同的答案。

有人说,人的一生之中只有三件事,一件是"自己的事",一件是"别人的事",一件是"老天爷的事"。今天做什么,今天吃什么,开不开心,要不要助人,皆由自己决定;别人有了难题,他人故意刁难,对你的好心施以恶言,别人主导的事与自己无关;天气如何,狂风暴雨,山石崩塌,人力所不能及的事,只能是"谋事在人,成事在天",过于烦恼,也是于事无补。

人活得"屈服",离道越来越远,只是因为,人总是忘了自己的事,爱管别人的事,担心老天爷的事。所以要轻松自在很简单:打理好"自己的事",不去管"别人的事",不操心"老天爷的事"。

炎热的夏天,禅院里的花被晒萎了。"天哪,快浇点水吧!"小和尚喊着,接着去提了桶水来。"别急!"老和尚说,"现在太阳晒得很,一冷一热,它们非死不可,等晚一点再浇。"

傍晚,那盆花已经成了霉干菜的样子。"不早浇……"小和尚见状,咕咕哝哝地说,"一定已经干死了,怎么浇也活不了了。"

"浇吧!"老和尚指示。水浇下去,没多久,已经垂下去的花,居然全立了起来,而且生机盎然。

"天哪!"小和尚喊,"它们可真厉害,憋在那儿,撑着不死。"

老和尚纠正:"不是撑着不死,是好好活着。"

"这有什么不同呢?"小和尚低着头,十分不解。

"当然不同。"老和尚拍拍小和尚,"我问你,我今年八十多岁了，我是撑着不死，还是好好活着？"

小和尚低下头沉思起来。

晚课完了，老和尚把小和尚叫到面前问："怎么样？想通了吗？"

"没有。"小和尚仍然低着头。老和尚严肃地说："一天到晚怕死的人，是撑着不死；每天都向前看的人，是好好活着。得一天寿命，就要好好过一天。那些活着的时候天天为了怕死而拜佛烧香，希望死后能成佛的人，绝对成不了佛。"

说到此，老和尚笑笑："他今生能好好过，却没好好过，老天何必给他死后更好的生活？"

对于禅院里的花来说，"和尚没浇水"虽然很不如意，但那是和尚的事，"好好生长"才是它自己的事，这盆向前看的花，得一天寿命，便好好过一天，真正理解了生命的意义。

哀莫大于心死，撑着活其实就是已经心死。生活在世界上时都没有领悟何为真生命，还能指望他死后有全新的生命吗？

生活在我们周围的人，包括我们自己，在遇到不如意的事情时，都会为自己的过错而痛悔。的确，"不要拿自己的错误惩罚别人"，并不是一种很容易达到的境界，它需要"胸藏万汇凭吞吐"的气度，而很多人却做不到这一点。

人非圣贤，孰能无过？如果一有过错，就终日沉浸在无尽的自责、哀怨、痛悔之中，那么其人生的境况就会像泰戈尔所说的那样：不仅失去了正午的太阳，而且将失去夜晚的群星，所以"不要拿自己的错误惩罚自己"。

其实生活就是一件艺术品，每个人都有自己认为最美的一笔，每个人也都有自己认为不尽如人意的一笔，关键在于你怎样看待，有烦恼的人生才是最真实的，同样，能认真对待你眼前的各种纷扰的人生才是最坦然的。

处世忍一步为高

有人说中国人最擅长"忍"术，这是几千年文化积淀下来的民族心理习惯。但是"忍"并不是懦弱，也不是毫无原则的退让，而是指对很多事不较真。古人说："水至清则无鱼，人至察则无徒。"在一些小事上没有必要斤斤计较，这是一种对生命的领悟，对人生的豁达。

现实生活中，很多人都会碰到不尽如人意的事情。有时候需要你对人顺从，这时候，你一定要谨慎面对。要知道，敢于碰硬，不失为一种壮举。可是，当敌人足够强大时你的强硬无异于以卵击石。一定要拿着鸡蛋去与石头斗狠，只能算作无谓的牺牲。这时候，就需要用另一种方法来迎接生活。

古人说："小不忍则乱大谋。"坚韧的忍耐精神是一个人意志坚定的表现，更是一个人善于处世谋略的体现。尤其在生活中难得事事如意，丢面子是常有的事，学会忍耐，婉转退让，才可以获得无穷的益处。在人际交往中，如果我们能舍弃某些蝇头微利，也将有助于塑造良好的自我形象，获得他人的好感，为自己赢得更多的利益和影响力。凡事有所失必有所得，若欲取之，必先予之。有识之士不妨谨记：百忍成金，遇事忍字当先必有意想不到的收获。

许多时候，就是因为我们没有忍耐心，才造成了"小不忍则乱大谋"的遗憾。

王强大学毕业后就在一家大型公司上班，大概有 5 年了。一直以来王强都是保持少说多做的作风，和谁都不多说话，好像别人说什么都和他无关。即使是说了对他不利的事情也无所谓，因为他觉得做好自己的工作，上司会看到，自然不会亏待他。

但是，王强没有想到的事情却发生了！

那天他正在研究一个新的项目，却看见上司气冲冲地向他走来，将一份文件"啪"地拍在桌子上，怒吼着："王强，你在这里也不是一天两天了，怎么连这点事都做不好呢？简直是一塌糊涂，不可理喻！"王强正专心工作着，一时没反应过来是怎么回事，被这突如其来的事情弄晕了！

王强拿过文件一看，上面虽然写的是他的名字，却不是他做的文件。于是王强平心静气地说："这份文件不是我做的，虽然写的是我的名字……"没有想到他的话还没有说完，上司更加怒气冲天："不是你做的是谁做的？写的就是你的名字，你以为我不认识字呀？也不知道现在的年轻人都怎么了，喜欢推卸责任了！"

上司的话让王强非常生气，他已经辛辛苦苦在这里工作 5 年了，别说这份报告不是他写的，就算是他写的，出了什么毛病，也不至于如此吧！办公室里那么多同事，怎么就不能给他留点面子呢？看来上司连最起码的尊重也没有给他！王强压住火气说："我想，从今天开始，你就不再是我的上司了！"

上司愣了一下，问："你这是什么意思？"王强平静地说："我要辞职！"上司指着文件问："这报告怎么解释？你要赔偿我损失！"王强拿起文件："我不干了，你要损失，上法院告我去吧！"说完王强就离开了。对 5 年来的辛苦和成就一点都没在乎，也没有给自己留下后路。

　　直到一年后，王强再次遇到了以前的上司，他才知道，当时上司的举动完全是为了验证王强的应变能力，因为上司当时想把王强调到外联部门做主任，而外联工作需要很强的应变能力。5 年来上司对王强的印象很好，工作踏实、性格沉稳，但是不知道他处理突发事件的能力如何。因此，上司就想出了那个主意。王强听了之后心里十分后悔。他知道一切都迟了，他彻底败在那个上司安排的测试中了……

　　当受到不公平待遇，受了委屈时，意气用事是我们大多数人会犯的错误，认为只有这样才能证明自己，才能显示自己的气节。殊不知，一个人无论做什么事都要三思而后行，如果单凭自己一时的意气用事，势必会造成不堪设想的后果。当你觉得自己的判断并不十分准确或没有得到事实证明时，一定要耐着性子等待一段时间，多多考虑斟酌一番，以免草率行事。

　　人活一世，不可能事事都天遂人愿，总要经历世事变迁，在这个过程中，必定有你不能忍让的事，但能忍则忍，很多时候，忍一忍就过去了，一时的忍让并非妥协，也不是抹杀做人的尊严，而是为了顾全大局，让你提早迈入幸福人生的大门。

　　人活在世上难免会受到各种不公正的待遇。对于很多事不要太过计较，要保持一种洒脱的心态。耐着性子让一步，无穷的益处也会接踵而来。

先要自胜才能胜人

人生最不能缺少的技能之一就是要学会制怒，要能够战胜自己的情绪，才能走稳、走好人生之路。

孔子说过："好直不好学，其蔽也绞。"意思是说爱好直率却不好学习，其弊病是说话尖刻刺人。一个人太直了，直到没有涵养，一点儿都不能保留，就是没有修养。

做人做事，不能太直，也不能太急躁，否则就会有损个人形象。除此之外，如果这些负面情绪在一个团队、群体中散发，它还会有传染性，从这一传染源出发，一路传播下去，将会给周围的人带来极为不利的影响。

张强是一位经理，一天早晨他起床有些晚了，便急急忙忙地开了车往公司奔。为了赶时间，他连闯了几个红灯，最后在一个路口被警察拦了下来，警察给他开了罚单。到了办公室之后，他看到桌上还放着几封昨天下班前便已交代秘书寄出的信件，便把秘书叫了进来，劈头就是一顿痛骂。秘书则拿着未寄出的信件，走到总机小姐面前发泄怒气。总机小姐被骂得很委屈，便借题对公司内职位最低的清洁工进行了一番指责。清洁工不敢吱声，只得憋着一肚子闷气。下班回到家后，清洁工见到读小学的儿子趴在地上看电视，衣服、书包、零食丢得满地都是，气就不打一处来，把儿子狠狠地教训了一顿。儿子愤愤地回到自己的卧房，见到家里那只大懒猫正盘踞在房门口，就狠狠地一脚把猫踢得远远的。这时正巧张强从猫身边走过，谨慎的猫为防止再被人踢，迅速抓了一下张强就溜了，可怜的张强被猫抓破了腿。

这就是"踢猫效应",是人们在受到挫折后的典型消极心理反应之一。"踢猫效应"告诉我们：发脾气就等于在人类进步的阶梯上倒退了一步。

有人遭受挫折后容易产生攻击行为,包括直接攻击对方；也有人攻击自己,这实际上是一种自虐行为；还有人攻击不相关的人。这种攻击性行为常常会影响工作气氛和合作质量。低落的情绪是一个连锁反应,生气犹如毒药一样可以传染到四面八方。处于情绪低潮当中的人,容易迁怒周围所有的人、事、物,这是自然而然的,正因为难以克服,所以孔子才会称赞颜回："不迁怒,不贰过！"

古人说："自行本忍者为上。"沉不住气,轻易动怒,既伤身又损财。性情暴躁之人,遇事不要轻易发火,要学会自制,否则,将不利于自己日后的发展。贝多芬说过：几只苍蝇咬几口,绝不能羁留一匹英勇的奔马。每一位优秀人物的身旁总会萦绕着各种纷扰,沉住气,对它们保持沉默要比寻根究底明智得多。对人对事,多一分平常心,少一分戾气和怨气,将使我们的人生更加轻松、如意、和谐与美丽。

富弼是北宋仁宗时一位品行良好的宰相,然而富弼年轻的时候,因能言善辩,常常在无意间得罪不少人,给自己的事业、生活带来了不利影响。

经过长时期的自省,他的性格逐渐变得宽厚谦和。当有人告诉他有人在说他的坏话时,他总是笑着回答："怎么会呢,他怎么会随便说我呢？"

一次，一个穷秀才想当众羞辱富弼，便在街心拦住他道："听说你博学多识，我想请教你一个问题。"

富弼知道来者不善，但也不能不理会，只好答应了。

秀才问富弼："请问，欲正其心必先诚其意，所谓诚意即毋自欺也，是即为是，非即为非。如果有人骂你，你会怎样？"富弼想了想，答道："我会装作没有听见。"秀才哈哈笑道："竟然有人说你熟读四书、通晓五经，原来纯属虚妄之言，富彦国才智驽钝，充其量不过是个庸人而已！"说完，大笑而去。

富弼的仆人埋怨主人道："您真是难以理解，这么简单的问题我都可以回答，怎么您却装作不知呢？"

富弼说道："此人乃轻狂之士，若与他以理辩论，必会剑拔弩张、面红耳赤，无论谁把谁驳得哑口无言，都是口服心不服。秀才心胸狭窄，必会记仇，这是徒劳无益的事，又何必争呢？"

几天后，那秀才在街上又遇见了富弼。富弼主动上前打招呼。

秀才不理，扭头而去，走了不远，又回头看着富弼大声讥讽道："富弼乃一乌龟耳！"

有人告诉富弼那个秀才在骂他。

"是骂别人吧！"

"他指名道姓骂你，怎么会是骂别人呢？"

"天下难道就没有同名同姓之人吗？"

他边说边走，丝毫不理会秀才的辱骂。秀才自讨无趣，便默默走开了。

生活中，谁都难免会遇上难堪的误解，遭到他人不公正的批评甚至辱骂。不论是卑鄙的、恶毒的、残酷的，你都千万不要被对方一句不公正的批评或难听的辱骂而变得像对方一样失去理智。获胜的唯一战术，就是保持沉默，不和别人发生正面冲突，就连多余的解释也没必要。因为在这种情况下，相互争吵、辱骂既不会给任何一方带来快乐，也不会给任何一方带来胜利，只会带来更大的烦恼、更大的怨恨、更大的伤害。退一步讲，在对骂中没有占上风的一方，当众出丑，带来的只是对自己鲁莽行为的悔恨；而占了上风的一方，虽然把对方骂得体无完肤，又能怎么样？只能加深对立情绪，加深对方的怨恨。

　　清朝光绪年间流行一首歌曲："他人气我我不气，我本无心他来气。倘若生气中他计，气出病来无人替。请来大夫将病医，他说气病治非易。气之危害太可惧，不气不气真不气。"这首歌通俗易懂，寓意深刻。其中虽然有消极的一面，但仍不失为有益的养身之道。尤其对那些脾气暴躁的人，沉得住气，制怒，可算是一剂良方。

第三章

沉不住气，势必意气用事动真气

　　《大学》中有句话："知止而后有定，定而后能静，静而后能安，安而后能虑，虑而后能得。"能够有一种淡泊宁静的心态，我们的意志才会有定力，意志有了定力，我们的心才能静下来，不会妄动；能做到心不妄动，我们才能安于处境，身心安泰；能够身心安泰，我们才能处世精当，思虑周详；能够思虑周详，我们便能达到至善的境界。

心非静不能明，性非静不能养

　　古语云："心非静不能明，性非静不能养，静字功夫大矣哉！"意思是：要认识自己，必须先静下心来，以静思反省来使自己尽善尽美。只有这样，才能明白自己的心性和本质，才能顺着自己的心性，谋求发展。

　　人生每天都是现场直播，不能重新彩排。一个人很难把握住人生中的许多抉择，因而总是在今日和明朝之间犹豫徘徊。以静观动就是一个积累经验的好办法，只有这样，一个人才能以理性的态度追求更好的生存状态，把命运的主动权紧紧地握在自己手中。

40 岁那年，欧文由人事经理被提升为总经理。3 年后，他自动"开除"自己，舍弃堂堂总经理的头衔，改任没有实权的顾问一职。

正值人生的巅峰阶段，欧文却从急流中勇退，他的说法是："我不是退休，而是转进。"

"总经理"3 个字对多数人而言，代表着财富、地位，是身份的象征。然而，短短 3 年的总经理生涯，令欧文感触颇深的却是诸多的"无可奈何"与"不得而为"。这令欧文很郁闷，也迫使他静下心来，全面地打量自己。

欧文意识到：他的工作确实让自己生活得很光鲜，周围想讨好他的人更是不在少数。然而，这些除了让他每天疲于奔命、穷于应付之外，没有给他带来丝毫快乐。这个想法，促使他决定辞职。"要做自己喜欢做的事情，只有这样，我才能更轻松。"他从容地说。

辞职以后，他把应酬减到最低。不当总经理的欧文感觉时间突然多了起来，他把大半的精力用来写作，抒发自己在工作领域多年的体会与心得。

"人只有静下来，从容起来，才会发现自己可以走更好的路。"他笃定地说。

事实上，欧文在写作上很有天分，而且多年的职场生涯使他积累了大量的素材。后来欧文成为某知名杂志的专栏作家，期间还完成了两本管理学著作，欧文迎来了他人生的第二次辉煌。

欧文并没有因眼前的成功而迷失自我，相反，他直面自己内心的渴望，准确地认清了自己，静下心来，发掘自己的潜力，找到了一条更适合自己发展的道路。

可见，内心的平静是人生的珍宝，它和智慧一样珍贵。能够静心，才能够有健康、有成就。拥有一颗宁静之心的人，比那些茫然无措的人更能够找到前进的方向，体验生命的真谛。

小林大学毕业后，走上了艰辛的求职之路。他卖过旧书，打过零工，做过销售，曾经一度迷失了方向，不知道什么工作更适合自己。一转眼，小林毕业已经3年了，还是不知道自己该干些什么，无奈之下，他打算考研，却又不知道该考什么专业。

一次偶然的机会，他参加了区就业局举办的创业培训班。此后，他静下心来，打算利用自己的专长，办一家科技公司，专门从事软件开发。就这样他终于找到了自己的方向，并坚定这个方向不动摇。经过努力，现在小林的公司已经有20多名员工，已接了几十个订单。公司规模逐步扩大，事业蒸蒸日上。

生命的玄机是找到自己的位置，绽放属于自己的光彩。要达成人生的愿望，就要像小林一样沉得住气，静下心来，根据自己的特点，发挥自己的专长、优势，客观地设计未来，这样才能有所成就。

在忙碌的工作、生活之余，我们应该给自己一些独处的时间，静静地反思一下自己的人生。对自身多一些关照和内省，这样有助于我们获得内心的宁静。常常静思可以让我们更深入地了解自己的意识和思想。当然，这并不意味着你要因此离群索居。静思并没有时间和地点的要求，散步、购物时，你要做的也只是经常想一想自己在做什么，为了什么，价值何在。这种静思可以让你跳出成堆的文件和应酬，摆脱繁忙的工作和名利的困扰，达到身心如一的境界。

忍受痛苦和孤独是人生的必修课

真正的忍耐不仅在脸上、口上，更在心上，它是自然就如此，根本不需要刻意忍耐，是不需要力气、分毫不勉强的忍耐。人要活着，必须以忍处世，不但要忍穷、忍苦、忍难、忍饥、忍冷、忍热、忍气，也要忍富、忍乐、忍利、忍誉。以忍为慧力，以忍为气力，以忍为动力，还要发挥忍的生命力。

有一支刚刚被制作完成的铅笔即将被放进盒子里送往文具店，铅笔的制造商把它拿到了一旁。制造商说，在我将你送到世界各地之前，有五件事情需要告知：

第一件，你一定能书写出世间最精彩的语句，描画出世间最美丽的图画，但你必须允许别人始终将你握在手中。

第二件，有时候，你必须承受被削尖的痛苦，因为只有这样，你才能保持旺盛的生命力。

第三件，你身体最重要的部分永远都不是你漂亮的外表，而是黑色的内芯。

第四件，你必须随时修正自己可能犯下的任何错误。

第五件，你必须在经过的每一段旅程中留下痕迹，不论发生什么，都必须继续写下去，直到你生命的最后一毫米。

铅笔的一生是充满传奇的一生，它用自己的生命勾勒着世人心中最精致的图画，书写着最温暖的文字，即使在生命渐渐消失的时候，还在创造着生命的美丽。但是，它所迈出的每一步，却都踩在锋利的刀刃上，它一生都在忍受着无穷的痛苦。

充实的生命，幸福的人生，需要能够忍受寂寞，忍受他人的恶意羞辱，忍受生活的磨炼，在忍耐中坚强，在坚强中成长。

山里有座寺庙，庙里有尊铜铸的大佛和一口大钟。每天大钟都要承受几百次撞击，发出哀鸣，而大佛每天都会坐在那里，接受千千万万人的顶礼膜拜。

一天深夜里，大钟向大佛提出抗议说："你我都是铜铸的，你却高高在上，每天都有人向你献花供果、烧香奉茶，甚至对你顶礼膜拜。但每当有人拜你之时，我就要挨打，这太不公平了吧！"

大佛听后思索了一会儿，微微一笑，然后安慰大钟说："大钟啊，你也不必艳羡我，你知道吗？当初我被工匠制造时，日夜忍受他们一棒一棒的捶打，一刀一刀的雕琢，历经刀山火海的痛楚……千锤百炼才铸成我的眼耳鼻身。我的苦难，你不曾忍受，我经历过难忍能忍的苦行，才坐在这里，接受鲜花供养和人类的礼拜！"

大钟听后，若有所思。

忍受艰苦的雕琢和捶打之后，大佛才成其为大佛，相比之下，钟受到的那点捶打之苦又算什么呢？忍耐与痛苦总是相随相伴，而这样的经历，却总是能够将人导向幸福的彼岸。

在西方学者的眼里："忍耐和坚持是痛苦的，但它会逐渐给你带来好处。"而在中国古人的心中也有同样的含义，如"不经一番寒彻骨，怎得梅花扑鼻香"。如此一说，忍耐似乎成了人们必修的业绩和取得成就的必需品。

忍是修行必需的一种精神，同时也是一个人获得成就的不可回避的路程。"忍"是佛家的智慧，也是儒家学说的结晶之一，孔子所讲的"克己复礼"就是"忍"的一种。其实，人生的种种都需要忍耐，事业失败、感情受挫、学习艰苦、人际维持、家庭管理，如果你不能忍受这些，你将很难成功。人们为什么一定要忍耐和坚持，因为这是一种不可或缺的精神。

也许你不比别人聪明，也许你有某种缺陷，但你却不一定不如别人成功，只要你多一分坚持，多一分忍耐，就能够渡过难关，成就他人所不能。山洞的开凿、桥梁的建筑、铁道的铺设，没有一个不是靠着人性的坚忍而建成的。

通往成功的路通常都是艰难的，成功绝不是唾手可得的。生活中的苦涩，使人失望流泪；漫漫岁月的辛苦挣扎，催人衰老。人一生经历的机遇、打击、磨炼，都将化为百折不挠的意志，为事业的永恒做足心理准备。修行悟禅也好，成就人生也好，始终都要在困境里苦苦挣扎，最后臻至化境，而此刻最需要的就是一颗能够忍受痛苦和孤独的心。忍，是人生的必修课。

从容是如何炼成的

南怀瑾先生提到过庄子有一个"心兵不动"的说法，他引用庄子的话，形容这种"心、意、识"自讼的状态，叫作"心兵"，就是说平常的人们，意识中，随时都在"内战"。理性和情绪上随时都在斗争，自己和自己随时都在争讼、打官司。这个时候，如果能够按住"心兵"，自心的天下就太平了。一个人若能按住"心兵"而不动，不仅可以取得内心的平静，而且还能无往而不胜。

铃木大拙是日本著名的禅学思想家，他讲到这样一则故事：

故事的主人公是日本江户时期的一个著名茶师，这个茶师跟随一个显赫的主人。有一天，主人要去京城办事，想让茶师随行。

当时社会动乱，处处都有浪人、武士恃强凌弱。这个茶师因为不懂武艺，所以很害怕，对自己的主人说："您看我又没有武艺，万一路上遇到武士怎么办？"

主人对茶师说："那你就挎上一把剑，扮成武士的样子吧。"

茶师只好挎上剑，扮成武士的样子，跟着主人去了京城。

主人出去办事，茶师就一个人在外面闲逛。

不巧，迎面走来一个浪人，见到茶师，这个浪人就向他挑衅："你也是武士，那咱俩比比剑吧！"

茶师惶恐地回答道："对不起，我不能和你比试。我不懂武功，只是个茶师。"

浪人见他不会武功，更加盛气凌人："你不是一个武士而穿着武士的衣服，就是有辱武士的尊严，你就更应该死在我的剑下！"

茶师自觉无法躲过去，只好说："你给我几小时，等我完成主人的任务，今天下午我们在池塘边见，到时再一决胜负。"

浪人答应了。

于是，这个茶师直奔京城里面最著名的大武馆，直接来到大武师的面前，对他说："求您教给我一种作为武士的最体面的死法吧！"

大武师十分吃惊地看着这名茶师说道："来我这儿的所有人都是为了求生，你是第一个求死的。这是为什么？"

茶师就把和浪人比武的事情向大武师说了一遍，向大武师求教道："我只会泡茶，但是今天不能不跟人家决斗了。求您教我一个办法，我只想死得有尊严一点儿。"

大武师对茶师说:"那好吧,你就再为我泡一次茶,然后我再告诉你方法。"

茶师觉得很伤心,他抱着必死的决心,给大武师泡茶。这是他在世界上最后一次泡茶了,因此,他做得很用心。他慢慢地看着山泉水在小炉上烧开,然后把茶叶放进去,洗茶,滤茶,再一点一点地把茶倒出来,捧给大武师。

大武师紧紧地盯着他泡茶的整个过程,他品了一口茶说:"这是我有生以来喝到的最好的茶了,我可以告诉你,你已经不必死了。"

茶师惊奇地问:"为什么,您要教给我什么吗?"

大武师说:"我不用教你,你只要记住怎样泡茶,就怎样对付那个浪人就行了。"

茶师听后,就去赴约了。浪人早已经在那儿等他,一见到茶师,就立刻拔出剑来说:"你既然来了,我们就开始吧!"

茶师一言不发。他想着大武师的话,如何以泡茶的心面对这个浪人。

只见他微笑地看着对方,然后从容地把帽子取下来,端端正正地放在旁边;再解开宽松的外衣,一点一点叠好,压在帽子下面;又拿出绑带,把里面的衣服袖口扎紧;然后把裤腿扎紧……他从头到脚不慌不忙地装束自己,一直气定神闲。

对面的浪人越看越紧张,越看越恍惚,因为他猜不出对手的武功究竟有多深。对方的眼神和笑容让他越来越心虚。等到茶师全都装束停当,最后一个动作就是拔出剑来,把剑挥向了半空,然后停在了那里,因为他也不知道再往下该怎么办了。

这时浪人忽然"扑通"给他跪下了,说:"求您饶命,您是我这辈子见过的武功最高的人。"

茶师并不懂武功，也未出一招一式，就让浪人弃械投降。究竟茶师是胜在何处呢？其实，茶师胜在心灵的勇敢，胜在那种从容、笃定的气势。内心平和的人是不可战胜的。如果遇到棘手的事情，我们能够像茶师一样，保持内心的平静，自然就可以无所畏惧，无往不胜。相反，如果一味地浮躁慌乱，就只能像那个浪人一样不战而败。

从容是如何炼成的？冯仑在《伟大是熬出来的》一书中说过，从容，是建立在对未来有预期，对所有的结果和逻辑很清楚的基础上的。你只要对内心、对事物的规律有把握，就能变得很从容。要做到对未来、未知的掌握，除了有必要的知识面跟眼光外，还必须有坚韧不拔的志向。我们要沉住气，用喜悦、和平、宁静之心来代替贪婪、恐惧、傲慢之心，这样才能让自己时刻保持一颗宁静从容的心。否则，就等于是败给了自己。

常怀平常心，生活就对了

"心平常，自非凡"，生活和工作当中，很多人并不是被自己的能力打败，而是败给自己无法掌控的情绪。人生不如意之事十有八九，在现实工作中，在激烈的竞争形势与强烈的成功欲望的双重压力下，许多人往往会出现焦虑、急躁、慌乱、失落、颓废、茫然、百无聊赖等困扰工作的情绪，如果这些情绪一齐发作，常常会让人丧失对自身定位的能力，使人变得无所适从，从而严重地影响个人能力的发挥，使自己的工作效能大打折扣，生活也因此变得混乱不堪。古人云："宁静以致远，淡泊以明志。"生活中，只要能够远离浮躁，沉住气，常怀一颗平常心，就能够超越自己，成为一名工作高效、生活幸福的人。

有人问慧海禅师："禅师，您可有什么与众不同的地方吗？"

慧海禅师答道："有！"

"那是什么？"这个人问道。

慧海禅师回答："饿了我就吃饭，累了我就睡觉。"

"每个人都是这样的，有什么区别呢？"这个人不能理解。

慧海禅师说："他们吃饭、睡觉的时候总是想着别的事情，不专心吃饭、睡觉。而我吃饭就是吃饭，睡觉就是睡觉，什么也不想，所以饭吃得香，觉睡得安稳。这就是我与众不同的地方。"

慧海禅师继续说道："世人很难做到一心一用，他们总是在权衡各种利害得失，产生了'种种思量'和'千般妄想'。他们在生命的表层停留不前，这成为他们最大的障碍，他们因此而迷失了自己，丧失了'平常心'。要知道，生命的意义并不是这样，只有将心融入世界，用平常心去感受生命，才能找到生命的真谛。"

一个人能明心见性，抛开杂念将功名利禄看穿，将胜负成败看透，将毁誉得失看破，就能达到时时无碍、处处自在的境界，从而进入平常的世界。

所谓平常之心，就是不能只想成功而拒绝失败、害怕失败，要能正确对待成功与失败。成功了，不骄傲自满，不狂妄自大；失败了，也应该平静地接受。失败也是生活中不可缺少的内容，没有失败的生活是不存在的。生活中没有常胜将军，任何一个渴望成功的人，都应该平静地接受生活给予的各种困难、挫折和失败。

随着生活节奏的加快，来自社会各方面的压力、竞争等也越来越多，摆正心态是时下最重要的心理课题，应该说，这时候拥有一颗平常心是必要的，也是难能可贵的。心态就是战斗力，越是艰难越要沉得住气，保持从容不迫的心态。在奥运会上夺得金牌的冠军，接受媒体采访时，说得最多的一句话就是：保持平常心。在工作中更是这样，只有保持平常心，我们才能保证自己高效率地投入工作和生活之中。

张薇大学毕业后求职受挫，最后终于在一家小公司里谋得一份业务员的工作。尽管这份工作与她名牌大学的学历不符，但她并不计较，因为她懂得：一个人只有让自己的心灵回归到零，保持一颗平常心，学会忍耐，才能在这个社会上立足，才会取得事业的发展。面对刁钻的同事和无理取闹的客户，她时刻提醒自己：我是在学习，我要坚持。她咬紧牙关，忍受着各方面的压力，在一次次的挫折中总结经验、积攒力量。两年后，她凭借出色的业务能力、坚忍的态度和坚韧的品格，成为该公司的业务经理。

生活中，这种不计较得失、不苛求回报的平常心是非常重要的。

面对成功或失败，必须保持一种健康平常的心态。保持一颗平常之心，并不是放弃进取之心、成功之心，而是通过平常之心，使进取之心、成功之心得到升华。保持平常心，实质是让外在的世界和内心保持一种平衡，有了这种平衡，悲、欢、离、合皆能内敛，人会少一些焦虑、少一些浮躁，多一分安适、多一分恬静。心似一泓碧水，清澈明亮，继而胸襟为之开阔。

想要保持一颗平常心，就要培养自己顺其自然的心态。要让自己的心情彻底放松下来，要沉得住气，不要让欲望牵着你到处奔跑。让脚步随着心态走，让浮躁的心安顿下来，你就会体会到海阔天空。事实上，面对生活，你拥有何种心态，直接关系到你的工作效率和生活质量。多一分平常心，生活中就会多一分从容和洒脱。

品味生活中的"禅境"

生活与工作中，人们总是牵挂得太多，太在意得失，所以心情起伏很大。被负面情绪牵着鼻子走的人，不可能活出洒脱的境界。只有沉得住气，静下心来，以出世的心做入世的事，不让世俗功利蒙蔽你的心灵，淡然面对得失，坦然接受成败，才能超脱物我，得到生命的真谛。

刘星宇大学毕业后，在父亲开的清洁公司干活。父亲用一桶清洗液和一把钢丝刷，头顶烈日，为儿子上了重要的一课：每一件工作都好比是你的签名，你的工作质量实际上等于你的名字，只要脚踏实地，以一颗虔诚的心对待你的工作，迟早会出人头地。他按照父亲的教导，用钢丝刷蘸着清洗液把砖头洗得干干净净。

后来，刘星宇在西南食品超市由包装工升为存货管理员，整天干着装卸、摆放这些细小麻烦的工作，但他始终一丝不苟、乐此不疲。有朋友屡次劝他："别把青春耗费在这种没出息的事情上！"他却不以为然，仍然坚守着自己的工作信条：工作无大小，干好当下每件事。朋友认为他是个大傻瓜，一辈子也干不出什么名堂来，他却为自己能干好这件谁都不愿干的工作而自豪不已。他相信父亲的话："只要不断努力，只要以一颗虔诚的心认真地做好每件事，上帝一定会眷顾你的。"

果不其然，数年后刘星宇脱颖而出，成为拥有 8 家商店、一年总营业收入达几千万的大老板。而当初劝他的朋友们大都默默无闻。

如果所有人都能像上面案例中的刘星宇那样，沉得住气，在每一天点点滴滴的生活中努力，将每时每刻都当成是修炼自己、提升自己的机会，那么所有的烦恼、痛苦、困难和压力等都将成为提升自己、超越自己的最好动力。

有一天，奕尚禅师起来时，刚好传来阵阵悠扬的钟声，禅师特别专注地聆听。等钟声一停，他忍不住召唤侍者，并询问："刚才打钟的是谁？"

侍者回答："是一个新来参学的和尚。"

于是奕尚禅师就让侍者把那个和尚叫来，并问："你今天早上是以什么样的心情在打钟呢？"

和尚不知道禅师为什么问他，于是说："没有什么特别的心情啊，只为打钟而打钟而已。"

奕尚禅师说："不见得吧？你在打钟的时候，心里一定在想着什么，因为我今天听到的钟声，是非常高贵响亮的声音，那是真心诚意的人才会打出的声音啊。"

和尚想了又想，然后说："禅师，其实我也没有刻意想着什么。

我尚未出家参学之前，一位师父就告诉我，打钟的时候应该想到钟就是佛，必须要虔诚、斋戒，敬钟如敬佛，用一颗禅心去打钟。"

奕尚禅师听了非常满意，再三说："往后处理事务时，不要忘记持有今天早上打钟时的禅心。"

我们可以想象，那个小和尚在将来一定可以修成正果，因为他有一颗虔诚的佛心。无论外界如何喧嚣，我们都要固守一颗虔诚的心。虔诚的心是对正念的把握，是对信念的秉持。纤尘不染，杂念俱无，集念于一处，力量就是最大的。

每个人都希望能在事业、生活上有所成就，如果不脚踏实地、一步一个脚印地向前进，理想和目标是不可能实现的。只有秉持一种平和虔诚之心，沉得住气，不刻意追求功名利禄，而是努力探索生命的意义，才能够生活得安心、幸福，品味到生活的"禅境"。

沉潜是为了更好地腾飞

《庄子》开篇的《逍遥游》中有一段话这样写道："北冥有鱼，其名为鲲。鲲之大，不知其几千里也；化而为鸟，其名为鹏。鹏之背，不知其几千里也；怒而飞，其翼若垂天之云。"

庄子说深海里有条鱼，突然一变，变成天上会飞的大鹏鸟。鲲化鹏这个故事含意丰富，包含了两个方面——"沉潜"与"飞动"。潜伏在深海里的鱼，突然一变，变成了远走高飞的大鹏鸟。

《逍遥游》一开始便告诉我们一个道理，人生的某个时刻，或是一个人年轻之时，或是修道还没有成功的时候，或是倒霉得没有办法的时候，必须"沉潜"在深水里，动都不要动。只有修行到相当的程度，摇身一变，便能升华高飞了。相反，一个人若不懂得沉潜蓄势，那么他的人生很难有真正的成就。

一位年轻的画家，在他刚出道时，3年没有卖出去一幅画，这让他很苦恼。于是，他去请教一位世界闻名的老画家，他想知道为什么自己整整3年居然连一幅画都卖不出去。那位老画家微微一笑，问他每画一幅画大概用多长时间。他说一般是一两天吧，最多不过3天。那位老画家于是对他说，年轻人，那你换种方式试试吧，你用3年的时间去画一幅画，我保证你的画一两天就可以卖出去，最多不会超过3天。

故事中青年的经历不免让人惋惜，可是现实中，很多时候我们都是在重复着和这位青年同样的错误。其实，做人处世，沉潜的日子相当于长长的助跑线，能够让我们飞得更高更远。《三国演义》中曹操与刘备青梅煮酒，曾云：龙能大能小，能升能隐；大则兴云吐雾，小则隐介藏形；升则飞腾于宇宙之间，隐则潜伏于波涛之内。方今春深，龙乘时变化，犹人得志而纵横四海。龙之为物，可比世之英雄。其实，这其中便蕴含着鲲鹏沉潜高飞之道。

放眼古今中外，有很多沉潜蓄势、厚积薄发的故事。很多人在经历了一次又一次的挫折之后，披荆斩棘，终于闯出了自己的一片天地。用道家的智慧来解释，就是人要先学会沉潜，才能最终腾飞，明朝开国皇帝朱元璋便是深谙此道的人。

元末农民战争风起云涌，在几路起义军和较大的诸侯割据势力中，除四川明玉珍、浙东方国珍外，其余的领袖皆已称王、称帝。最早的徐寿辉，在彭莹玉等人的拥立下，于元至正十一年（1351年）称帝，国号天完。张士诚于元至正十三年（1353年）自称诚王，国号大周。刘福通因韩山童被害，韩林儿下落不明之故，起兵数年未立"天子"，至元至正二十年（1360年）徐寿辉被部下陈友谅所杀，陈友谅自立为帝，国号大汉。四川明玉珍闻讯，也自立为陇蜀王，一时间，九州大地，"王""帝"俯拾皆是。

此时只有朱元璋依然十分冷静，他明白要想最终夺得天下，目前掩藏锋芒，暂时沉潜，是最好的选择。所以，他坚定地采纳了"缓称王"的建议。朱元璋成为一路起义军的领袖，始终不为"王""帝"所动，直到元至正二十四年（1364年）朱元璋才称为吴王。至于称帝，那已是元至正二十八年（1368年）的事情了。此时，天下局势已明朗，也就是说，朱元璋即便不称帝，也已经是事实上的"帝"了。

与其他各路起义军迫不及待地称王的做法相比较，朱元璋的"缓称王"之战略不可谓不高明。"缓称王"的根本目的，乃在于最大限度地减少己方独立反元的政治色彩，从而最大限度地降低元朝对自己的关注程度，避免或大大减少了过早与元军主力和强劲诸侯军队决战的可能。这样一来，朱元璋就更有利于保存实力、积蓄力量，从而求得稳步发展。以暂时的沉潜换取最终的成功，这正是朱元璋的过人之处。

所以，做人要使自己立于不败之地，就要根据外界形势的变化，灵活地保存实力，关键时刻再出手以赢得胜利。当我们面前困难重重，出头之日遥不可及时，何不学学朱元璋，暂时沉潜绝非沉沦，而是自强。

如果我们在困境中也能沉下气来，不被困难吓倒；在喧嚣中也能沉下心来，不被浮华迷惑，专心致志积聚力量，并抓住恰当的时机反弹向上，毫无疑问，我们就能成功。反之，总是随波浮沉，或者怨天尤人，注定会被命运的风浪玩弄于股掌，直至精疲力竭。甘于沉下去，才可浮出来，企鹅的沉潜原则，也适用于人的生存。

人生需要慢慢积淀，当时机成熟，风力充足，有了一定的能力才智作为本钱，定能一飞冲天。一个人想要最终获得一个圆满、成功、幸福的人生，就需要一个成功势能积累的过程。成功绝不是一蹴而就的，只有静下心来日积月累地积蓄力量，才能够"绳锯木断，水滴石穿"，从最低处获得成功。

目标明确才能少走弯路

生活中，我们经常可以听见身边的人在抱怨，抱怨前途的迷茫与无助，每一天都在浑浑噩噩中度过，生活中找不到一点儿欢乐。他们之所以感到烦恼和痛苦，就是因为他们没有为自己制定一个目标，在人生的汪洋中四处飘荡。空虚、无聊、恐惧等种种悲观情绪占据着他们的心灵，因而，他们总是难以寻找到欢乐的港湾停靠。

弟子们和禅师一起在田里插秧，可是弟子们插的秧总是歪歪扭扭，而禅师却插得整整齐齐，犹如用尺子量过一样。

弟子们疑惑地问禅师："师父，您是怎么把禾苗插得那么直的？"

禅师笑着说："这其实很简单！你们插秧的时候，眼睛要盯着一个东西，这样就能插直了！"

弟子们于是卷起裤管，喜滋滋地插完一排秧苗，可是这次插的秧苗，竟成了一道弯曲的弧形。

禅师问弟子："你们是否盯住了一样东西？""是呀，我们盯住了那边吃草的水牛，那可是一个大目标啊！"弟子们答道。

禅师笑道："水牛边吃草边走，而你们插秧时也跟着水牛移动，怎么能插直呢？"

弟子们恍然大悟，这次，他们选定了远处的一棵大树，果然秧都插得很直。

不要只看着脚下，不要只看眼前的拥有，而是要给自己制定一个固定的目标，如此才能朝着确定的目标前进，少走弯路。

而当一个人为自己制定了目标，确定了自己下一步的方向，他就会全心全意地为目标而奋斗，没有太多的时间去胡思乱想在实践目标中遇到的困难，也没有空闲去理会别人的闲言冷语，他尽情享受着奋斗的喜悦与欢乐，最终也会收获成功和自信。

其实，取得成就的人和其他庸庸碌碌的人比起来，机会是一样多的。但是，在100个人当中，往往只有一两个人清楚自己一生要的是什么，他们知道自己下一步该怎么走，可以随时掌握住自己前行的方向，因此他们能够获得成功。

所以，我们每个人都要懂得目标的力量，给自己一个期望，建立一个可以实现的目标，只有如此，才能在目标的助推下，消除迷惘，泅渡心的冰河。

第四章

沉不住气，难免嫉贤妒能生闷气

　　中国人常说："别动气，动气就损了精气；别生气，生气就坏了元气；别斗气，斗气就伤了和气；宜忍气，忍气便能神气。"其实，一切情绪都来源于我们自身，要知道，我们自己是一切情绪的创造者，没有你的同意谁也别想让你生气。因此，与其让别人的错误来惩罚自己，还不如给别人台阶下，一笑了事罢了。

人生有关隘

　　人生中不同的阶段有不同的关隘，最难通过的是君子三戒：少年戒之在色，男女之间如果有过分的贪欲，很容易毁伤身体；壮年戒之在斗，这个斗不只是指打架，而指一切意气之争，事业上的竞争，处处想打击别人，以求自己成事立业，这种心理是中年人的毛病；老年人戒之在得，年龄不到可能无法体会。曾经有许多人，年轻时仗义疏财，到了老年反而斤斤计较，钱放不下，事业更放不下，在对待很多事情时都是如此。

　　三戒如同人生三个关隘，闯过去，便是踏平坎坷成大道；闯不过去，便是拿到了一张不合格的人生答卷，轻则半生虚度，重则一生荒废，甚至坠入万劫不复的深渊。

有一座泥像立在路边，历经风吹雨打。它多么想找个地方避避风雨，然而它无法动弹，也无法呼喊。它太美慕人类了，它觉得做一个人，可以无忧无虑、自由自在地到处奔跑。它决定抓住一切机会，向人类呼救。

有一天，智者圣约翰路过此地，泥像用它的神情向圣约翰发出呼救："智者，请让我变成人吧！"圣约翰看了看泥像，微微笑了笑，然后衣袖一挥，泥像立刻变成一个活生生的青年。"你要想变成人可以，但是你必须先跟我试走一下人生之路，假如你受不了人生的痛苦，我马上把你还原。"智者圣约翰说。

于是，青年跟智者圣约翰来到一个悬崖边。"现在，请你从此崖走向彼崖吧！"圣约翰长袖一拂，已经将青年推上了铁索桥。青年战战兢兢，踩着一个个大小不同的链环边缘前行，然而一不小心跌进了一个链环之中，顿时，两腿悬空，胸部被链环卡得紧紧的，几乎透不过气来。

"啊！好痛苦呀！快救命呀！"青年挥动双臂大声呼救。"请君自救吧。在这条路上，能够救你的，只有你自己。"圣约翰在前方微笑着说。青年扭动身躯，奋力挣扎，好不容易才从这痛苦之环中挣扎出来。"你是什么链环，为何卡得我如此痛苦？"青年愤然道。"我是名利之环。"脚下铁链答道。

青年继续朝前走。忽然，隐约间，一个绝色美女朝青年嫣然一笑，然后飘然而去，不见踪影。青年稍一走神，脚下一滑，又跌入一个环中，被链环死死卡住。青年挥动双臂大声呼救，可是四周一片寂静，没有一个人响应，没有一个人来救他。这时，圣约翰再次在前方出现，他微笑着缓缓道："在这条路上，没有人可以救你，你只能自救。"青年拼尽力气，总算从这个环中挣扎了出来，然而他已累得精疲力竭，便坐在两个链环间小憩。"刚才这是个什么痛苦之环呢？"青年想。"我是美色链环。"脚下的链环答道。

经过一阵轻松的休息后，青年顿觉神清气爽，心中充满幸福愉快的感觉，他为自己终于从链环中挣扎出来而庆幸。青年继续向前走，然而他又接连掉进欲望的链环、嫉妒的链环……待他从这一个个痛苦之环中挣扎出来时已经疲惫不堪了。他抬头望望，前面还有漫长的一段路，他再也没有勇气走下去了。

"智者！我不想再走了，您还是带我回原来的地方吧！"青年呼唤着。智者圣约翰出现了，他长袖一挥，青年便回到了路边。"人生虽然有许多痛苦，但也有战胜痛苦后的欢乐和轻松，你真的愿意放弃人生么？""人生之路痛苦太多，欢乐和愉快太短暂、太少了，我决定放弃做人，还原为泥像。"青年毫不犹豫地说。智者圣约翰长袖一挥，青年又还原为一座泥像。"我从此再也不用受人世的痛苦了。"泥像想。然而不久，泥像被一场大雨冲成了一堆烂泥。

人的一生需要迈过的坎很多，稍不留神，我们就会栽在其中一道坎上。不过，对于绝大多数人，或许最重要的是迈过金钱、权力与美色三道坎，就像孔子所说的"人生三戒"一样。以"礼"约束，用理性的缰绳约束情感和欲望的野马，达到中和调适，便能顺利走过人生的几个关隘。

心热如火，眼冷似灰

宋代词人辛弃疾有一句名言：物无美恶，过则为灾。想拥有，是因为占有欲在作怪，如果舍得放弃，就不会如此痛苦了。生活就是如此，有的时候，痛苦和烦恼不是由于得到太少，反而是因为拥有太多。拥有太多，就会感到沉重、拥挤、膨胀、烦恼、害怕失去。

拥有是一种简单原始的快乐，拥有太多，就会失去最初的欢喜，变得越来越不如意。

日本禅师释宗演说："我心热如火，眼冷似灰。"他立下了如下的守则，终身信守不渝：

（1）晨起着衣之前，燃香静坐。

（2）定时休息，定时饮食；饮食适量，决不过饱。

（3）以独处之心待客，以待客之心独处。

（4）谨慎言辞，言出必行。

（5）把握机会，不轻易放过，但凡事须三思而行。

（6）已过不悔，展望将来。

（7）要有英雄的无畏，赤子的爱心。

（8）睡时好好去睡，要如长眠不起；醒时立即离床，如弃敝屣。

欲过度则为贪

贪婪，在佛教教义中，被列为第八大恶行。由此可见人类对于贪婪的无比厌恶。

贪的邪恶力量是无穷的，它会让人迷失本心，从而在追逐欲望的深渊中不能自拔。

贪婪往往要付出代价。有时候，有些人为了得到他喜欢的东西，殚精竭虑，费尽心机，更甚者可能会不择手段，以致走向极端。他付出的代价是其得到的东西所无法弥补的，也许那代价是沉重的，只是直到最后才会被他发现罢了。

贪婪的人，被欲望牵引，欲望无边，贪婪无边；贪婪的人，是欲望的奴隶，他们在欲望的驱使下忙忙碌碌，但不知所终；贪婪的人，常怀有私心，一心算计，斤斤计较，却最终一无所获。

古时候，有一个国王非常富有，但他还是不满足，希望自己更富有。他甚至希望有一天，只要他摸过的东西都能变成金子。

结果，这个愿望实现了，天神给了国王一份厚礼。国王非常高兴，因为只要他伸手摸任何物品，那个物品就会变成黄金。他开心地用手触摸家中的每样家具，顿时每样东西都变成了黄澄澄的金子。

此时，国王心爱的小女儿高兴地跑过来。国王一伸手拥抱她，立刻，活泼可爱的小公主就变成一尊冰冷的金人。他傻眼了。

的确，有很多事情，做到何种程度是由我们自己来控制的。成功的人往往适可而止，而失败的人不是做得太少就是做得太多。但是，多并不一定会带来快乐，太多有时也是一种麻烦。

活着绝不是为了赚钱

清朝时，山西太原有一个商人，生意做得很红火，长年财源滚滚。虽然请了好几位账房先生，但总账还是靠他自己算。钱的进项又多又大，他天天从早晨打算盘熬到深更半夜，累得腰酸背痛、头昏眼花。夜晚上床后又想到第二天的生意，一想到成堆白花花的银子就兴奋激动得睡不着。

这样，白天忙得不能睡觉，夜晚又兴奋得睡不着觉，他患上了严重的失眠症。他隔壁靠做豆腐为生的小两口，每天清早起来磨豆浆、做豆腐，说说笑笑，快快活活，甜甜蜜蜜。

墙这边的富商在床上翻来覆去，摇头叹息，对这对穷夫妻又美慕又嫉妒。他的太太也说："老爷，我们要这么多银子有什么用，整天又累又担心，还不如隔壁那对穷夫妻活得开心。"

金钱并不是唯一能够满足心灵的东西。虽然它能为心灵的满足提供多种手段和工具，但在现实生活中，你却不能只顾享受金钱而不去享受生活。

享受金钱只能让自己早日堕落，而享受生活却能够使自己不断品尝人生的幸福。享受金钱会使自己被金钱的恶魔无情地缠绕，于是自己的生活主题只有"金钱"两字。整天为金钱所困惑，为金钱而难受，为金钱而痛苦，生活便会沦为围绕一张钞票而上演的闹剧。

享受生活的人则不在乎自己有多少金钱，多可以过，少一样可以过，问题是自己处处能够感悟到生活。享受金钱的人最后会被金钱妖魔化，绝对没有好的下场。享受生活的人会感到人生是无限美好的，于是越活越开心。

对待金钱必须拿得起放得下，赚钱是为了活着，但活着绝不是为了赚钱。假如人活着只把追逐金钱作为人生唯一的目标和宗旨，那人将是一种可怜的动物，他将会被自己所制造出来的这种工具捆绑起来，并被生活遗弃。

不嫉妒，得救赎

自己得不到就放不下心，心里好像有一股酸酸的味道，这便是嫉妒心。嫉妒别人其实是一种委实难受的滋味，虽然明白自己可能永远得不到对方的成果和美誉，但是嘴上不肯承认，还试图从对对方的藐视或者打击中获得平衡，这种酸酸的心理百害而无一利。

嫉妒，是平庸的情调对卓越才能的反感；是一种啃噬人的内心，让人欲罢不能的疾病；是一种与人有害、于己无益的消极情绪。

不论你是高官显贵，还是平头百姓，都有可能被嫉妒这种病菌侵袭，且一旦沾染，就成为损害身体的毒。

在远古时代，摩伽陀国有一位国王饲养了一群象。象群中，有一头象长得很特殊，全身白皙，毛柔细光滑。后来，国王将这头象交给一位驯象师照顾。这位驯象师不仅照顾它的生活起居，还很用心地教它。这头白象十分聪明、善解人意，过了一段时间之后，他们已建立了良好的默契。

有一年，这个国家举行大庆典。国王打算骑白象去观礼，于是驯象师将白象清洗、装扮了一番，在它的背上披上一条白毯子后，交给国王。

国王在一些官员的陪同下，骑着白象进城看庆典。由于这头白象实在太漂亮了，民众都围拢过来，一边赞叹、一边高喊着："象王！象王！"这时，骑在象背上的国王，觉得所有的光彩都被这头白象抢走了，心里十分生气、嫉妒。他很快地绕了一圈，然后就不悦地返回王宫。

一回王宫，他问驯象师："这头白象，有没有什么特殊的技艺？"驯象师问国王："不知道国王您指的是哪方面？"国王说："它能不能在悬崖边展现它的技艺呢？"驯象师说："应该可以。"国王就说："好。那明天就让它在波罗奈国和摩伽陀国相邻的悬崖上表演。"

隔天，驯象师依约把白象带到那处悬崖。国王就说："这头白象能以三只脚站立在悬崖边吗？"驯象师说："这简单。"他骑上象背，对白象说："来，用三只脚站立。"果然，白象立刻就缩起一只脚。国王又说："它能两脚悬空，只用两脚站立吗？""可以。"驯象师就叫它缩起两脚，白象很听话地照做了。国王接着又说："它能不能三脚悬空，只用一脚站立？"

驯象师一听，明白国王存心要置白象于死地，就对白象说："你这次要小心一点儿，缩起三只脚，用一只脚站立。"白象也很谨慎地照做。围观的民众看了，热烈地为白象鼓掌、喝彩。国王越想心里越不平衡，就对驯象师说："它能把后脚也缩起，全身飞过悬崖吗？"

这时，驯象师悄悄地对白象说："国王存心要你的命，我们在这里会十分危险。你就腾空飞到对面的悬崖吧。"不可思议的是，这头白象竟然真的把后脚悬空飞了起来，载着驯象师飞越悬崖，进入波罗奈国。

波罗奈国的人民看到白象飞来，全城都欢呼起来。波罗奈国国王很高兴地问驯象师："你从哪儿来？为何会骑着白象来到我的国家？"驯象师便将经过一一告诉国王。国王听完之后，叹道："人的心胸为什么连一头象都容纳不下呢？"

真正的王者绝不会容不得他人光芒的存在，就像自己是一颗钻石一样，周围的珍珠只会衬托它的雍容，而不会削减它的魅力。

嫉妒是一种危险的情绪，它源于人对卓越的渴望与心胸的狭窄。嫉妒可以使天才被流言、恶意和唾液编织而成的网绞杀，也可能令智者陷入个人与他人利益的冲撞中而寻不到出路。它不但损害着他人，也毁灭着自己。

产生了嫉妒心理并不可怕，关键要看你能不能正视嫉妒，并将其转化为自己的动力。与其让嫉妒啃噬着自己的内心，不如升华这种嫉妒之情，把嫉妒转化为成功的动力，化消极为积极，做一个"心随朗月高，志与秋霜洁"，虚怀若谷、包容万千的人。

心灵从容方富足

嫉妒心是美好生活中的毒瘤，是修行者悲心与慧命的绊脚石。

一棵树看着一棵树，
恨不得自己变成刀斧。
一根草看着一根草，
甚至盼望着野火延烧。

这是著名诗人邵燕祥的一首短诗《嫉妒》。寥寥四句就把嫉妒之情刻画得入木三分，揭露得淋漓尽致。

在果园的核桃树旁边，长着一棵桃树。桃树的嫉妒心很重，一看到核桃树上挂满的果实，心里就觉得很不是滋味。

"为什么核桃树结的果子要比我多呢？"桃树愤愤不平地抱怨着，

"我有哪一点不如它呢？老天爷真是太不公平了！不行，明年我一定要和它比个高低，结出比它还要多的桃子！让它看看我的本事！"

"你不要无端嫉妒别人啦，"长在桃树附近的老李子树劝诫道，"难道你没有发现，核桃树有着多么粗壮的树干、多么坚韧的枝条吗？你也不动动脑子想想，如果你也结出那么多果实，你那瘦弱的枝干能承受得了吗？我劝你还是安分守己、老老实实地过日子吧！"

自傲的桃树可听不进李子树的忠告，嫉妒心蒙住了它的耳朵和眼睛，不管多么有理的规劝，对它都起不到任何作用。桃树命令它的树根尽力钻得深些、再深些，要紧紧地咬住大地，把土壤中能够汲取的营养和水分统统都吸收上来。它还命令树枝要使出全部的力气，拼命地开花，开得越多越好，而且要保证让所有的花朵都结出果实。

它的命令生效了，第二年花期一过，这棵桃树浑身上下密密麻麻地挂满了桃子。桃树高兴极了，它认为今年可以和核桃树好好比个高低了。

充盈的果汁使桃子一天天加重了分量，渐渐地，桃树的树枝、树杈都被压弯了腰，连气都喘不过来了。它们纷纷向桃树发出请求，赶快抖掉一部分桃子，否则就要承受不住了。可是桃树不肯放弃即将到来的荣耀，它下令树枝与树杈要坚持住，不能半途而废。

这一天，不堪重负的桃树发出一阵哀鸣，紧接着就听到"咔嚓"一声，树干齐腰折断了。尚未完全成熟的桃子滚满了一地，在核桃树脚下渐渐地腐烂了。

人生就像一场比赛，不管多么努力，技术运用得多么高超，总会有相对于第一名的落后者。享受欢呼的，仅仅是那成千上万名中第一个冲到终点的幸运儿。生活又何尝不是这样？相对于那些在某一领域中因出类拔萃而获得万众瞩目的人来说，绝大多数的人都是那些在平凡的工作、平凡的家庭中默默尽力的人。况且，人生风云变幻，又有多少人没有品尝过世事沧桑的滋味呢？

　　从社会的需要来说，只要每个人能做好自己的分内工作，维持物质的丰厚，铸造社会的繁荣，他就应该自豪。若从生活的价值来说，能够体味人生的酸甜苦辣，做了自己所喜欢的事，没有虐待这百岁年华的生命，心灵从容富足就算这一生"功德圆满"了。

第五章

沉不住气，必然急功近利少志气

成功常成于坚忍，毁于浮躁。只有一步一步脚踏实地，慢慢积累，才能达成自己的目的。做事的时候不要一味贪多求快，急功近利反而欲速则不达。凡真正成大事者，都须戒骄戒躁，善于权衡大小，重长远，趋大利；善于控制、调节自己；目光远大，自信心强。

名不可简成，誉不可巧立

墨子在《修身》篇中说："名不可简成也，誉不可巧而立也。"意思是成就事业要能忍受孤独、潜心静气，才能深入"人迹罕至"的境地，汲取智慧的甘饴。如果过于浮躁，急功近利，就可能适得其反，劳而无功。

急于求成是许多人身上常见的败因，它就是人们做事目的与结果不一致的一个重要原因。《论语·子路》中有一句话："欲速则不达。"意思是说一味主观地求急图快，违背了客观规律，造成的后果只能是欲速则不达。一个人只有摆脱了速成心理，一步步地积极努力，步步为营，才能达成自己的目的。

邓亚萍小时候因为个子很矮，被省乒乓球队以"个子太矮，没有发展前途"为由退回，这让邓亚萍深受打击，但她没有认输，而是谨记爸爸的话："先天不足后天补，只要有特长和扎实的基本功，何愁不会脱颖而出！"从此，她开始了更加刻苦的训练。

当时，郑州市乒乓球队的条件十分艰苦，连一个固定的训练场地都没有。邓亚萍和她的队友们一开始在一间暂时不用的澡堂里练球，后来又转移到一个小学的礼堂，最后才搬到市体育场靶场二楼的训练房。夏天，训练房里的温度非常高，可队员们在里面一待就是一整天，挥汗如雨，连衣服都湿透了。冬天，室内十分寒冷，队员们的双手常常肿得像个面包，甚至开裂。

无论训练多么严格、条件多么艰苦，全队年纪最小、个头最矮的邓亚萍都咬牙坚持下来，甚至比别人做得更出色。训练房离邓亚萍的家不远，但她从不擅自回家，她那不服输的拼劲，让很多比她大的队员都自叹不如。正是在这里，邓亚萍练出了"快、怪、狠"的战术，那就是正手球快、反手球怪、攻球狠，这成了她以后最突出的打球风格。

功夫不负有心人，邓亚萍的努力得到了丰厚的回报。1988年，15岁的邓亚萍在国际、国内各项大赛上所向披靡，并夺得了第六届亚洲杯乒乓球比赛的女子单打冠军。进入国家队后，邓亚萍依然保持着勤奋、刻苦的精神。

平时，队里规定上午练到11点，她给自己延长到11点45分；下午训练到6点，她练到6点45分或7点45分；封闭训练时晚上规定练到9点，她练到11点。一筐200多个训练用球，邓亚萍一天要打10多筐，练一组球的脚步移动，相当于跑一次400米，邓亚萍的一堂训练课，相当于跑一次 1 万米，这还没算上数千次的挥拍动作。有人做过统计，邓亚萍平均每天加练 40 分钟，一年就比别人多练 40 天。

教练做过统计，她一天要打 1 万多个球。邓亚萍每天练球，都要带两套衣服、鞋袜，湿了一套再换一套。她经常因为训练错过吃饭的时间，有时食堂会为她专设"晚灶"，但更多时候她只能用方便面对付一下。

一次次的南征北战，邓亚萍捧回了一枚枚金牌，并又一次次地把目光投向更高的目标。在 1992 年巴塞罗那奥运会和 1996 年的亚特兰大奥运会上，邓亚萍蝉联了乒乓球女子单打、双打的冠军。

1997 年，邓亚萍从她所深爱着的国家乒乓球队退役了。这时，她已经将自己的名字刻遍了世界大赛的金杯，为祖国争得了荣誉。虽然她的身高只有 1.5 米，但她却是乒坛的巨人。

一点一滴的积累，超人的付出，不服输的精神，使邓亚萍的球艺和战术不断升华，在身高上先天不足的她理所当然地站在了乒乓球运动的巅峰。

朱熹有一句十六字箴言："宁详毋略，宁近毋远，宁下毋高，宁拙毋巧。"这告诉我们，凡事都要脚踏实地，顺应客观规律去完成，即使短暂的突击得到了瞬间的效果，但终究是不牢固的，经不起岁月的洗礼和时间的考验。

名不可简成，誉不可巧立。古今中外，概莫能外。门捷列夫的化学元素周期表的诞生，居里夫人发现镭元素，陈景润在哥德巴赫猜想中摘取的桂冠等，都是他们在寂寞、单调中，沉得住气，扎扎实实做学问，在反反复复的冷静思索和数次实践中获得的成就。

大道至简，知易行难。艰难困苦玉汝于成，急于求成是永远不会获得想要的结果的，只有脚踏实地才能获得最终的成功。

循序渐进才是做事的根本

急于求成、急功近利是人的本性，做事情老是求快，就会追求了速度，却忘记了质量。浮躁的人就有这样的缺点，他们希望成功，也渴望成功，但在如何获得成功的心态上，却显得比常人更为急躁。

很多人虽然充满梦想，但他们不懂得如何为自己规划人生，不懂得梦想只有在脚踏实地的工作中才能得以实现。因此，面对纷繁复杂的社会，他们往往会产生浮躁的情绪。在浮躁情绪的影响下，他们常常抱怨自己的"文韬武略"无从施展，抱怨没有善于识才的伯乐。

一个忙碌了半生的人，这样诉说自己的苦闷："我这一两年一直心神不定，老想出去闯荡一番，总觉得在我们那个破单位待着憋闷得慌。看着别人房子、车子、票子都有了，心里慌啊！以前也做过几笔买卖，都是赔多赚少；我去买彩票，一心想摸成个暴发户，可结果花几千元连个声响都没听着，就没有影儿了。后来又跳了几家单位，不是这个单位离家太远，就是那个单位专业不对口，再就是待遇不好，反正找个合适的工作太难啊！天天无头苍蝇一般，反正，我心里就是不踏实，闷得慌。"

生活中，就是常有这样的一些人，他们做事缺少恒心，见异思迁，急功近利，成天无所事事。面对急剧变化的社会，他们对前途毫无信心，心神不宁。浮躁是一种情绪，一种并不可取的生活态度。人浮躁了，会终日处在又忙又烦的应急状态中，脾气会暴躁，神经会紧绷，长久下来，会被生活的急流所挟裹。

有一个人得了很重的病，给他看病的医生对他说："你必须多吃人参，你的病才会好！"这个人听了医生的话，果然就去买了一只人参来吃，吃了一只就不吃了。

后来医生见到这个病人就问他："你的病好了吗？"病人说："你叫我吃人参，我吃了一只人参，就没有再吃了，可我的病怎么还没有好？"医生说："你吃了第一只人参，怎么不接着吃呢？难道吃一只人参就指望把病治好吗？"

故事中的病人不明白治病需要循序渐进、坚持治疗，而是寄希望于吃一只人参就能恢复健康。现实生活中，很多人也是因为不懂得坚持忍耐，只想着一蹴而就。这样的人，自然是无法触摸到成功的臂膀的。

许多浮躁的人都有过梦想，却始终壮志未酬，最后只剩下遗憾和牢骚，他们把这归因于缺少机会。实际上，生活和工作中到处充满着机会：学校中的每一堂课都是一个机会；每次考试都是生命中的一个机会；报纸中的每一篇文章都是一个机会；每个客户都是一个机会；每次训诫都是一个机会；每笔生意都是一个机会。这些机会带来教养、带来勇敢，培养品德，结识朋友。

脚踏实地的耕耘者在平凡的工作中创造了机会，抓住了机会，实现了自己的梦想；而不愿俯视手中工作，嫌其琐碎平凡的人，在焦虑的等待机会中，度过了并不愉快的一生。

不要舍近求远，机遇就在你身边

现实生活中，很多心浮气躁的人总喜欢放眼向远处望去，总认为远处的东西好，其实俯身向下看，最好的东西就在你的脚下。舍近求远就是忘记眼前，只看遥远不可及的地方，反而会把眼前的机遇错过，白费工夫。

不要以为机会随时都在等着你，我们多数人的毛病是，当机会朝我们冲奔而来时，我们兀自闭着眼睛，很少有人能够去主动追寻自己的机会，甚至在绊倒时，还不能见着它。

在森林中，一只饥肠辘辘的狮子正在觅食，它看到一只熟睡中的野兔，正想把兔子吃掉时，却又看到了一只鹿从旁边经过，狮子想，鹿肉要比兔肉实惠多了，便丢下兔子去追捕鹿。但无奈，狮子因为太过饥饿，体力不支，没有追上鹿。

等它放弃，回到原地找兔子的时候，兔子也不见了，狮子难过地说："我真是活该，放着眼前的食物不吃，偏要去追鹿，结果这两样都没有得到。"

机会就摆在狮子的面前，它只要一张嘴就可以吃到美味的食物，可是它偏偏放弃，而去追捕难以得到的猎物。这个世界上，不正是有很多像狮子这样的人吗？他们放弃眼前的事物，去追寻虚无缥缈的东西，最终等他们醒悟，回过头来的时候，曾经摆放在眼前的东西，也早已经不见了。

小张是一名外企职员，他兢兢业业，工作十分努力，业绩提升得很快，部门经理十分欣赏他，打算提拔他为部门副经理。可是小张自己却有自己的打算，他觉得在这家公司已经发展到了尽头，再待下去也没有多大意思了，便想着跳槽。

在有了跳槽这个念头后，小张对工作便没有以前上心了，隔三差五的请假去面试，工作还老出错。后来，经理看到他这样，便打消了提拔他的念头。

在得到了一家非常小的公司的应聘回复后，小张把辞职信放在了经理的面前。

经理看着小张，平静地从抽屉里拿出了一份文件，小张打开一看，大吃一惊，原来是经理推荐小张当副经理的文件。此时的小张后悔不迭。

因为浮躁，小张总想去外面寻找发展机会，却忽视了眼前的机会，导致机会白白溜走。现实生活中，太多的人终其一生去寻找这个合适的机会，以便他们可以拥有光荣的时刻。然而眼前的机会却看不见。因此，我们要沉住气，强化机遇意识，善待机遇、把握机遇，并学会创造机遇。

人生之路分阶段，到啥阶段唱啥歌

知名企业家李开复在自己的创业论坛中表示：成功很大程度是要顺应现实，要在正确的时候做正确的事情。李开复的这番感言可谓对时下很多年轻人最实在的忠告。

近年来，网络上充斥着"80后"的"普遍焦虑"：最年长的一批"80后"早已迈入而立之年，他们感叹自己前途渺茫，悲哀自己竟成了"房奴""卡奴"等新一代被剥削阶层，自嘲是"最不幸的一代"。他们从消费者转变为生产者，由聚光灯下的绝对主角转变为荧幕前的观众——身处这个人生阶段，压力自然倍感沉重。因而，"80后"的不满完全是可以理解的，其言论也恰好印证了"80后"的社会转型。

然而他们不应忘记，每一代人的人生轨迹上，都是存在不同阶段的。如今的"80后"，与他们的前辈乃至后辈一样，无论生于哪个时代，到了而立之年，都必须勇敢地扛起家庭与社会的重担，都必须走过这从懵懂到稳重、从依赖他人到自力更生的一段路。虽然世事变迁，眼下的具体矛盾与老一辈的时代已有很大不同，但面对人生的方法是不会改变的："阳光总在风雨后""不经历风雨，怎么见彩虹"——歌词如此浅白，却也恰恰是最为实在的真理。

有这样一则发人深省的小故事：

有一天，上帝心血来潮，漫步在自己创造的大地上。看着田野中的麦子长势喜人，他深感欣慰。这时，一位农夫来到他的脚边，恳求道："全能的主啊！我活了大半辈子，从未间断过向您祈祷，年复一年，我从未停止过祈愿：我只希望风调雨顺，没有雨雪风雹，也没有干旱与蝗灾。可是无论我如何做祷告，却始终不能顺遂心意。您为何不理睬我的祈祷呢？"上帝温和地对答："不错，的确是我创造了世界，但也创造了风雨、旱涝，创造了蝗虫、鸟雀。我创造了包括你在内的万事万物，这并不是一个能事事如你所愿的世界。"

农夫听罢一言不发。突然，他匍匐到上帝的脚边，带着哭腔祈求道："仁慈的主啊，我只祈求一年的时间，可以吗？只要一年：没有狂风暴雨，没有烈日干旱，没有虫灾威胁……"上帝低头看着这个可怜人，摇了摇头，说："好吧，明年，不管别人如何，一定如你所愿。"

第二年，这位农夫看着自家麦穗越长越多，欣慰地感念上帝宅心仁厚、深察民情。然而到了收获的季节，他却发现，这些麦穗竟全是干瘪的空壳。农夫噙着眼泪望着天空："主啊，仁慈的主，全能的主，这是怎么一回事，您是不是搞错了什么？您明明答应过我……"上帝的声音在他耳边响起："我的确答应过你，我也没有搞错什么。真正的原因是，不经历自然考验的麦子只会是孱弱无能的。风雨、烈日，都是必要的，甚至虫灾也是必要的；你只看到了风雨带给麦子生长的威胁，却没有看到它们唤醒了麦子内在灵魂的事实。"

上帝的话是意味深长的，因为人的灵魂亦如麦穗的内在灵魂，是需要感召的。诚然，不少人希望自己永远被保护在温室里，天天衣食无忧、有人打点一切，时时风调雨顺、称心如意，恰似农夫田地里的那些麦穗。可是现实不可能是这样，也不应该是这样：在人生每一个重要阶段，唯有品尝生活的考验，人的精神才能得到磨砺，人才能逐步成熟，否则人将只能是空空如也的躯壳。

人们常常把人生划分为少年、成年与老年：少年时代是艺术，天马行空，无拘无束，创作自己的梦想；成人之年是工程，步步为营，稳扎稳打，建筑自己的事业；垂暮之年是历史，心怀万物，气定神闲，翻阅自己的过往。可见，无论从哪个角度审视，人生都是有其发展轨道的，没有哪一个阶段可以回避，也没有哪一个阶段能够飞越。

所以，社会规律无法改变——正是在这一转型期当中，人们得以从少年发展成青年，从稚拙走向成熟：在此期间，人们的经验与人脉得到了有效积累，社会现实被更好地认识与把握，人们自身，也得到了更为充分的调整。

因此，无论是哪个年代的人，无论处于人生的哪个阶段，人所经历的一切都是生命中不可或缺的组成部分。对于它们，我们应当勇敢正视，我们应当积极体验，不能急功近利，而是应该到什么山唱什么歌，到什么阶段就要有什么追求：年轻的时候，要用自己那股单纯与执着的力量，努力学习、奋发进取、不断拼搏；到了成年，要以老练成熟的眼光看待一切，要着力开发自己潜在的发展空间、拓展自己的事业；到了老年，要懂得返璞归真，要注重个人修养，以一颗平和、安逸、祥和的心看待世间万物。

朋友们，不管你是转型期的"80后"中的一员，还是才华横溢的少年、历练丰富的中年，请不要抱怨人生的低谷，也不要做一蹴而就的美梦，应换一种角度，静下心来，思考人生阶段的必要性，坦然接受当下的挑战，稳扎稳打，在正确的时间做正确的事。唯有这样，我们才能从容面对当下的得失与成败。

急于求成只会一事无成

孔子的弟子子夏在莒父做地方首长，他来向孔子问政，孔子告诉他为政的原则："无欲速，无见小利；欲速则不达，见小利则大事不成。"就是讲要有远大的眼光，百年大计，不要急功近利，不要想很快就能拿成果来表现，也不要为一些小利益花费太多心力，要顾全大局。"欲速则不达"便是其中的核心与关键，这是人所共知的道理，柏杨先生也说："躁进之士跟野心家不同，野心家有时候还可以克制自己，躁进之士则身不由己地到处寻觅可以撞门的别人的人头，更为劳苦、危险。"

一味地求急图快，结果只能是越急事情越办不好，这和人们常说的"心急吃不了热豆腐"是同一个道理。万事万物都有一定的发展规律，越是着急，就越是会把事情弄得一团糟。

有一个小朋友，很喜欢研究生物，很想知道蛹是如何破茧成蝶的。有一次，他在草丛中玩耍时看见一只蛹，便取了回家，日日观察。几天以后，蛹出现了一条裂痕，里面的蝴蝶开始挣扎，想抓破蛹壳飞出。艰辛的过程达数小时之久，蝴蝶在蛹里辛苦地拼命挣扎，却无济于事。小朋友看着有些不忍，想要帮帮它，便随手拿起剪刀将蛹剪开，蝴蝶破蛹而出。但没想到，蝴蝶挣脱以后，因为翅膀不够有力，变得很臃肿，根本飞不起来，最终痛苦地死去。

破茧成蝶的过程原本就非常痛苦与艰辛，只有付出这种辛劳才能换来日后的翩翩起舞。外力的帮助，反而让爱变成了害，违背了自然的过程，最终让蝴蝶悲惨地死去。自然界中这一微小的现象放大至人生，意义深远。

对于"一万年太久，只争朝夕"的人来说，最容易犯的毛病就是"欲速"。然而"欲速则不达"，我们放眼看看这个社会，其实大多数人都知道这个道理，但最终大多数人却是背道而驰。造成这种速成心理主要有两方面的原因：一是人们过于追求眼前利益，二是享受生活成为了人们追求的目标。

有谁能想到显微镜的发明者竟是荷兰西部一个小镇上的门卫，他叫万·列文虎克。

列文虎克当上门卫后，为了让时光不会因在这个无所事事的岗位上浪费掉，选择了学习用水晶石磨放大镜片，磨一副镜片往往需要几个月的时间，为了提高镜片的放大倍数，他一面不间断地磨着，一面总结经验。尽管人们不愿干这种单调重复的劳动，但他并不厌倦，几十年如一日。直到第六十年时，他终于磨出了能放大三百倍的显微镜片，使人类第一次发现了细菌。于是他成了举世闻名的发明家，受到了英国皇家的奖励。

难以想象，六十年的岁月，一种单调的重复劳动，这需要多么大的韧性。与列文虎克相比，现代人患上了浮躁的心理疾病，它使人失去了对自我的准确定位，使人随波逐流，使人漫无目的地努力，最终的结果必定是事与愿违。宋朝著名的朱熹也犯过同样的错，直到中年时，才感觉到，速成不是创作的良方，之后经过一番苦功方有所成。他用"宁详毋略，宁近毋远，宁下毋高，宁拙毋巧"这十六字箴言对"欲速则不达"做了最精彩的诠释。

罗马非一日建成；冰冻三尺，非一日之寒。追求效率原本没错，然而，一旦陷入躁进的旋涡之中，失败便已注定了。时时擦拭心灵深处的浮躁，时时提醒自己"一口吃不成个胖子"，及时地给自己的心灵洗个澡，去除那些躁进的因子，人生才会拥有更大的幸福。

要有耐力才能有发展

当人们感慨幸运与成功为什么常常光顾他人，而从自己身边绕路走开的时候，却很少思考：那些成功的人和自己有什么不同。

也许，我们每个人的心里都有一个执着的愿望，只是一不小心把它丢失在了时间的蹉跎里，让天下间最容易的事变成了最难的事。然而，天下事最难的不过十分之一，能做成的有十分之九。想成就大事业的人，只有用恒心来成就它，以坚韧不拔的毅力、百折不挠的精神、排除一切干扰的耐性，作为涵养恒心的要素，去实现人生的目标。

这个世界上，有一种人，寂寂无声，却恒心不变，只是默默地努力着，坚持到底，从不轻言放弃。耐性与恒心是实现梦想的过程中不可缺少的条件。耐性、恒心与追求结合之后，便形成了百折不挠的巨大力量。事业如此，德业亦如是。每个人的成长都是一个漫长而坚毅的过程。

古代有个叫养由基的人精于射箭，能百步穿杨。有一个人很美慕养由基的射术，决心要拜养由基为师。经几次三番的请求，养由基终于同意了。

收他为徒后，养由基交给他一根绣花针，要他放在离眼睛几尺远的地方，集中注意力看针眼。看了两三天，这个学生有点疑惑，问养由基："我是来学射箭的，什么时候教我学射术呀？"养由基说："这就是在学射术，你继续看吧。"没几天的工夫，这个人便有些烦了。他心想，我是来学射术的，看针眼能看出什么来呢？他不会是敷衍我吧？

养由基教他练臂力的办法，让他一天到晚在掌上平端一块石头，伸直手臂。这样做很苦，那个徒弟又想不通了。他想，我只学他的射术，他让我端这石头做什么？于是他很不服气，不愿再练。养由基见此，就由他去了。

后来，这个人又跟别的老师学艺，最终也没有学到一门技术。

如果这个人多一点耐心和毅力，愿意从基础一点一滴学起，他一定会有所收获。俗话说："欲速则不达。"做人做事需忍耐，步步为营。凡是成大事者，都力戒"浮躁"二字。只有踏踏实实的行动才可开创成功的人生局面。

一位青年问著名的小提琴家格拉迪尼："你用了多长时间学琴？"格拉迪尼回答："20 年，每天 12 小时。"也有人问基督教长老会著名牧师利曼·比彻为那篇关于"神的政府"的著名布道词，准备了多长时间，牧师回答："大约 40 年。"

我们与大千世界相比，或许微不足道，不为人知。但是我们能够耐心地增长自己的学识和能力，当我们成熟的那一刻，将会有惊人的成就。

第六章

沉不住气，定会惶恐忐忑没勇气

舍局部而求全局，舍眼前而求长远，是尊重客观规律、对人生负责任的一种体现。在适当的时候舍弃眼前的利益和诱惑，着眼于长远，把时间和精力花在更有价值的事情上，沉住气，踏踏实实地努力去做，为下一次的出击积蓄力量，全力以赴，才会有成功的可能。

拥有怎样的格局，就拥有怎样的成功

大千世界，芸芸众生，不同的人有着不同的命运。能够左右命运的因素很多，而一个人的格局，是其中最为重要的因素之一。

人生需要格局，拥有怎样的格局，就会拥有怎样的命运。很多大人物之所以能成功，是因为他们从自己还是小人物的时候就开始构筑人生的大格局。所谓大格局，就是拥有开放的心胸，可以容纳博大的理想，可以设立长远的目标，以发展的、战略的、全局的眼光看待问题。对一个人来说，格局有多大，人生就有多大。那些想成大业的人需要高瞻远瞩的视野和不计小嫌的胸怀，需要"活到老、学到老"的人生大格局。

古今中外，大凡成就伟业者，一开始都是从大处着眼，从内心出发，一步一步构筑自己辉煌的人生大厦的。霍英东先生就是其中的一位。

香港著名爱国实业家、杰出的社会活动家、全国政协原副主席……这些是笼罩在霍英东先生头上的耀眼光环。透过这些光环，我们能够清晰地看到一个有着人生大格局、生命大境界的大写的"人"字。

霍英东幼年时家境贫寒，7 岁前"他连鞋子都没穿过"。他的第一份工作，是在渡轮上当加煤工……贫寒成了霍英东人生起步的第一课。后来，他靠着母亲的一点积蓄开了一家杂货店。朝鲜战争爆发后，他看准时机经营航运业，在商界崭露头角。1954 年，他创办了立信建筑置业公司，靠"先出售后建筑"的竞争要诀，成为国际知名的香港房地产业巨头、亿万富翁。他的经营领域从百货店到建筑、航运、房地产、旅馆、酒楼、石油。

霍英东叱咤商界半个世纪，他懂得如何经商，但更懂得如何做人："做人，关键是问心无愧，要有本心，不要做伤天害理的事……"成为巨富后，霍英东从未忘记回报社会："……今天虽然事业薄有所成，也懂得财富是来自社会，也应该回报于社会。"他在内地投资、慷慨捐赠，却自谦为"一滴水"："我的捐款，就好比大海里的一滴水，作用是很小的，说不上是贡献，这只是我的一份心意！"只有拥有人生大格局的人，才能拥有这样博大的"一份心意"。

君子坦荡荡。霍英东上街，从不带保镖，他就像韩愈所说的"仰不愧天，俯不愧人，内不愧心"。他的内心，就是这般潇洒、坦荡、伟岸、超然。霍英东在晚年有一句话给人印象深刻："我敢说，我从来没有负过任何人！"

是的，霍英东"从来没有负过任何人"，这是拥有人生大格局、生命大境界的人方能洒脱说出来的。

格局有多大，人生的天空就有多精彩。每一个想成功的人，都要拥有一个大格局，都要懂得掌控大局。如果把人生比作一盘棋，那么人生的结局就由这盘棋的格局决定。在人与人的对弈中，舍卒保车、飞象跳马……种种棋着就如人生中的每一次拼搏。相同的将士象，相同的车马炮，结局却因为下棋者的布局各异而大不相同，输赢的关键就在于我们能否把握住棋局。

要想赢得人生这盘棋局，就应当站在统筹全局的高度，有先予后取的度量，有运筹帷幄之中而决胜千里之外的沉稳气势。棋局决定着棋势的走向，我们掌握了大格局，也就掌控了大局势。沉住气规划人生的格局，对各种资源进行合理分配，才可能更容易获得人生的成功，理想和现实才会靠得更近。人生每一阶段的格局，就如人生中的每一个台阶，只有一步一步地认真走好，才能够到达人生之塔的顶端。

人，应该沉住气，为自己寻求一种更为开阔、更为大气的人生格局！扩大自己内心的格局，去构思更大、更美的蓝图，我们将会发现，在自己胸中，竟有如此浩瀚无垠的空间，竟可容下宇宙间永恒无尽的智慧。

舍弃眼前的诱惑，才有最后的辉煌

时代的进步所带来的是社会经济的飞速发展和物质生活的丰盈，形形色色的选择和诱惑也随之而来，从日常的柴米油盐酱醋茶到谋利发财的诀窍，这些事物越来越多地影响着人们的生存状态，就像鱼饵一样等待着人们上钩、考验着人们的内心。面对这些选择和诱惑，一部分人急于抓取眼前的一切，唯恐遗失任何有可能谋取财富的机会，也越来越习惯于贪大求全、不断索取，将眼前的利益当成了永久的成功。

谋求财富的过程就像是一场马拉松，我们不能只在意眼前的路程，而应该重视最后的终点。利益对人们的诱惑非常大，它能够使人感到愉悦和满足，也能够让人挣扎和痛苦，倘若只专注于眼前的既得利益、不做长远打算，得到的欢愉也仅仅是暂时的。用另一种说法来表述的话，就是"祸兮福之所倚"，眼前所得到的不一定就会是真正的成功，相反，这种成功会蒙蔽我们的双眼，使我们专注眼前、忽略长远，为将来的失败埋下了潜在的危险和隐患。忍得了一时才能快乐一世，这是人人都懂的简单道理，但是在面对诱惑的时候，人们往往无法参透它的内涵。无数的事例都表明，要学会抵制眼前的诱惑，才能够收获更多。

1846 年 10 月，在一个大风雪的天气里，一个 87 口人的家族被困在了前往加州的路上，恶劣的天气使他们的马车进退不得。

然而，他们被困在原地，一直努力坚持了一个多月。在这段风雪围困的时期，不断有人因为疾病和饥饿而死亡，人口减少了一半，如果不寻求一条出路的话，就只能遭受灭顶之灾。在这样无奈的绝境下，其中两个人决定出去寻求救援。他们很快就找到了一个村庄，并带回了一支救援医疗队，剩下的人全部获救了。

既然能够得到救助的话，为什么他们不及早去寻求救援呢？答案很简单，他们只专注于马车上的东西，不愿意舍弃身边的财产。

在被围困的一个多月里，除了等待援助之外，他们也尝试带着马车和财物前进，想要将这些东西一起带走。但是，他们的计划却被恶劣的天气阻止了，大家只能够疲惫地任由风雪围困，渐渐消耗尽所有的食物和供给，直到身边陆续有人死去。

虽然在某种层面上，这件事情是一起特例，但是，在人生中，经常会有人被困于类似的"关卡"里，他们不愿意放弃身边的财富和利益，或者为了谋求更高的社会地位、更丰厚的收入、更优渥的物质环境以及无数的诱惑，最终却囹圄在一种进退不得的境地，自己仍浑然不觉、无法自救，不断上演着相似的悲剧。

在短时期内，也许那些不愿舍弃眼前利益的人能够表现得非常出色，但是，他们面对诱惑的时候往往目光短浅，只考虑到现在、不做长远打算，因而，他们缺少一种掌控和规划未来的能力。在工作中，也往往会被眼前的高酬劳、高利益所诱惑，没有考虑过自身的长远规划，频繁跳槽。

而那些能够不被眼前的利益所诱惑、着眼于规划自身未来的人，更偏向于选择可以给自己提供发展平台的公司。对于一个有抱负有远见的人来说，能力以及提升自己能力的方法是实现远大目标最重要的部分。

人生中往往充斥着形形色色的诱惑，这些都有可能使我们迷失自我、目光短浅，从而偏离人生的方向，落得失败的结局。只有舍弃眼前的诱惑、理性地看待它们，才会有最后的辉煌。

名前"不亢"，名后"不骄"

有大格局，就会有承受压力与享受荣誉的淡定。在功成名就之前，他们不会因为有压力与挫折的阻碍，就整天抱怨上天不公，而是默默地选择承受并对抗磨难。在功成名就之后，他们也不会因为成功的荣耀，而忘记了曾经的不容易，他们会选择无声享受成功。面对功名，不骄傲，这才是对成功的珍惜与尊重。

文学家王尔德说："人们把自己想得太伟大时，正足以显示本身的渺小。"一个人如果妄自尊大，一切皆以自我为中心，那么就很容易被烦恼重重包围；如果太自负了，无视所有人的不满，就很容易陷入一种莫名其妙的自我陶醉之中。这样的人不仅会对一切功名利禄捷足先登，也永远得不到人们对他的理解和尊重。

一只蝴蝶与一只苍蝇同时落在桌子上一本打开的书上，这是一本哲学书。蝴蝶指着打开的书说："看看吧，上面是这么写的：一只蝴蝶在大洋的另一边扇动翅膀，可能会引起美国气候的改变。看到没有，可以引起美国气候的改变，以前我不知道自己有这个能力，没想到我是这么的厉害。现在我还怕什么人类，我只消轻轻地扇动一下我的翅膀，哈哈，他们就会被吹到九霄云外……"

"可是，可是，你以前吹走过人吗？"苍蝇打断它的话。

"那是因为我以前不知道，也没有试过，不自信。现在我很有自信，让我们去找个人试试，我要打败人类，我们蝴蝶要统治世界。哈哈……"蝴蝶狂笑着。

这时，一只蜘蛛出现了，苍蝇看到后飞了起来，叫蝴蝶："快逃跑啊，有蜘蛛！"蝴蝶很傲慢地看了蜘蛛一眼："哼！我要打败人类，一只小小的蜘蛛能拿我怎么样？正好拿你做试验，看我不把你扇到世界的尽头去！"蝴蝶不但不飞走，反而扇动着翅膀非常自信地向蜘蛛飞去，结果被粘在蜘蛛网上，看着蜘蛛一步步向它靠近……

苍蝇叹了口气，飞走了。风轻轻地吹进书房，哲学书翻到了下一页……

蝴蝶对哲学书断章取义，终于付出了惨重的代价，这不能不说是蝴蝶咎由自取。试想，若蝴蝶能够听苍蝇的劝阻，至少，它不会如此轻易地提前结束生命的旅程。其实，有时我们的烦恼就来自自己那颗狂妄自大的心。

明人陆绍珩说："人心都是好胜的，我也以好胜之心应对对方，事情非失败不可。人都是喜欢对方谦和的，我以谦和的态度对待别人，就能把事情处理好。"谦虚永远是成大事者所具备的一种品质，而只有弱者才会为自己的成功自鸣得意。

托尔斯泰的女儿写过这样一件趣事：

在火车上，一位贵夫人把托尔斯泰当成搬运夫，差他去盥洗间取回她忘在那里的手提包。他遵命照办，为此得到五戈比的"茶钱"。当同行的旅伴告诉贵夫人，她差遣的是《战争与和平》的作者时，贵夫人险些晕过去："看在上帝的份上，原谅我吧，请把那枚铜钱还给我吧……"托尔斯泰不以为然，说："您不用感到不安，您没有做错什么……这五戈比是我劳动所得，我收下了。"

真正的大人物应该是像托尔斯泰这样能够成就不平凡的事业却仍然虚怀若谷的人，低调地做着自己该做的事情。功成名就前，不卑不亢；功成名就后，不骄不奢。过好平凡的每一天，走好脚下的每一步，就已经是成功。成功没有我们想得那么难，成功也没有我们想得那么简单。只要我们保持一颗清醒心、平常心与谦逊心，我们就已经掌握了可以与成功结缘的大格局。

忠诚工作，不争小利争前途

忠诚是我们的立身之本。一个禀赋忠诚的员工，能给他人以信赖感，让老板乐于接纳，在赢得老板信任的同时更能为自己的发展带来莫大的益处。相反，一个人如果失去了忠诚，就等于失去了一切——失去朋友，失去客户，失去工作。从某种意义上讲，一个人放弃了忠诚，就等于放弃了成功。

一个人任何时候都应该信守忠诚，这不仅是个人的品质问题，也有道德价值，而且还蕴含着巨大的经济价值和社会价值。尽管现在有一些人无视忠诚，利益成为压倒一切的需求，如果你能仔细地反省一下，就会发现，为了利益放弃忠诚，将会成为你人生中永远都抹不去的污点，你将背负着这样的污点生活一辈子。

李克是一家公司的业务部副经理，刚刚上任不久。他年轻能干，毕业短短 2 年就能够有这样的业绩也算是表现不俗了。然而半年之后，他却悄悄离开了公司，没有人知道他为什么离开。李克在离开公司之后，找到了他原来关系不错的同事彼得。在酒吧里，李克喝得烂醉，他对彼得说："知道我为什么离开吗？我非常喜欢这份工作，但是我犯了一个错误，我为了获得一点儿小利，失去了作为公司职员最重要的东西。虽然总经理没有追究我的责任，也没有公开我的事情，算是对我的宽容，但我真的很后悔，你千万别犯我这样的低级错误，不值得啊！"彼得尽管听得不甚明白，但是他知道这一定和钱有关。

后来，彼得了解到李克在担任业务部副经理时，收过一笔款子，业务部经理说可以不入账了："没事儿，大家都这么干，你还年轻，以后多学着点儿。"李克虽然觉得这么做不妥，但是他也没拒绝，半推半就地拿了5000元。当然，业务部经理拿到的更多。后来，总经理发现了这件事，没多久，业务部经理就辞职了。李克也不能在公司待下去了。

彼得看着李克落寞的神情，知道李克一定很后悔，但是有些东西失去了是很难弥补回来的。李克失去的是对公司的忠诚，他还能奢望公司再相信他吗？

事实上，无论什么原因，你失去了忠诚，往往就失去了人们对你最根本的信任。不要为自己所获得的利益沾沾自喜，其实仔细想想，失去的远比获得的多，而且你所获得的东西可能最终并不属于你。相反，如果你在工作中一直坚持忠诚的原则，忠于公司，你必将获得老板的赏识和众人的尊敬。

无论一个人在组织中是以什么样的身份出现，对组织的忠诚都应该是一样的。我们强调个人对组织忠诚的意义，就是因为无论是组织还是个人，忠诚都会使其得到收益。

忠诚不仅仅是一种品德，更是一种能力。没有任何组织愿意用一个缺乏忠诚的人。忠诚没有条件，更不用计较回报。它是一种与生俱来的义务，是发自内心的情感，具备这种品质，将会使工作变得更有意义，并赋予你工作的激情。对工作忠诚的人感觉到的是享受，不忠诚的人感觉工作是苦役。忠诚不是简简单单的付出，忠诚会有回报。虽然你通过忠诚工作创造的价值中大部分不属于你个人，但你通过忠诚工作得到了许多比那部分价值更有意义的东西，如经验、知识、才能。它使你在市场上更具竞争力，使你的名字更具有含金量。

履行职责是对工作最大的忠诚，也许你总为自己受到的不公平待遇感到烦闷，那么为何不仔细找找原因，多想想自己在哪个方面做得不好。从长远来看，公平是长期存在的，如果你因一时的不公平而自甘颓废，因一时待遇不公而放弃主动积极的机会，那可能将永远得不到补偿了。获取公平的唯一办法就是一如既往地努力工作，主动承担责任，忠诚工作，用事实说话，用成绩证明自己的能力。无论是做人还是工作都要从全局出发，忠诚工作就是为自己的前途工作，如果仅仅只看到眼前小利，只会毁了自己的职业前途。

看轻得失，不争局部争全局

尘世中的人们最难脱的不过"名""利"二字。正因名利难脱，古人才将之比喻为缰绳和锁链，它们紧紧地将人缚住，使其活得疲惫不堪。有人以纤夫拉船为题写了一首诗："船中人被名利牵，岸上人牵名利船。为名为利终不了，问君辛苦到哪年？"可见，世上之人总离不开名利牵绊。名利就如同鸦片一样，一旦沾上了，想要放下就会很难。

我们要看轻得失，才能赢得成功的大格局。

有一则成语故事"楚王遗弓"，讲的便是对待得失的态度。

春秋时，楚王行猎，失落了一张名贵的弓，众人四下披草寻觅，却一无所获。侍卫长忧惧万分，匍行回报，自愿领罚，想不到楚王仰天而笑，挥手说："楚王遗弓，楚人得之，皆吾胞吾民，不必找了！"这事很快传扬开来，市井酒肆之间，闻者无不动容，都称颂圣上心量宽宏，是恺悌君子。有人去问孔子，孔子点点头，淡然一笑，只说："天下人人可得，何必曰楚？"孔子在慨叹楚王的心还是不够大，人掉了弓，自然有人捡得，又何必计较是不是楚国人呢？

"人遗弓，人得之"应该是对得失最豁达的看法了。生生死死，死死生生，世间的一切总是继往开来，生息不断的。得与失，到头来根本就是一无所得，也一无所失。过于计较得失的人，工作上会拈轻怕重，遇到挫折会灰心，做出成绩会骄傲浮躁，甚至因为做了一点成绩，有了一些成果，就对公司大开"狮口"，职位上要求升迁，薪金上要求上涨；更有甚者，什么都没做，却一心想要高待遇，并且以满足多少要求干多少活的心态来工作，这本身就是得失心太重，过于浮躁的一种表现。

有一位年轻人是工商管理硕士，毕业后顺利进入一家跨国企业。

在结束了一个月的试用期后，公司交给他一个任务：与西部某企业洽谈原料加工。这个任务年轻人完成得非常出色，不仅降低了公司原定的加工费，还让西部那家企业承诺，在保证质量的前提下提前半个月完成合同，否则一切损失由该企业赔偿。

由于他的出色表现，公司给他涨了工资。这让年轻人感到非常意外，他原先想的是，这件事情办得如此漂亮，市场部经理的位子非他莫属。他认为企业根本就没有重视他。他来到老板的办公室，跟老板详细谈了自己的想法。

他认为自己对公司贡献那么大，公司应该给他更多的奖励，这也是对他工作的肯定，而不只是加几百块钱的工资。按这个年轻人的想法，给他加工资纯粹属于象征性的鼓励，与他辛苦的付出、为公司谋得的利益无法画上等号。

老板耐心地听完这个年轻人的话后，对他说，他所做的一切，公司所有的人都看在眼里，大家都对他的工作能力表示赞赏，这也是公司给他奖励的原因。但是由于年轻人来公司没多久，马上就坐到经理的位子是不现实的，工作中还有许多困难要解决，还有许多考验要承受，还有许多经验要积累，这是一个循序渐进的过程。

年轻人没有把老板的话听进去，此后他逢人便说，自己的功劳多么大，而公司却是多么的"吝啬""抠门"，市场部经理的位置应该是属于他的。年轻人每天都在算计着自己的那些得与失，他越发感到公司对他不公平。在这种情绪的支配下，他对待工作也没有以往那种冲劲和干劲了，业务上时常出错，考虑到整体利益，公司只得将他开除。

这位年轻人太过于计较得失，以至于浪费了自己渐入佳境的发展机遇。

只有看轻得失的人才能够更好地专注于发展。在个人利益与集体利益出现矛盾时，才能够以集体利益为重。看淡得失的人才能够在物欲横流的工作中保持淡定的态度，面对诱惑不动于心。看淡得失的人才能够豁达对待工作中的人和事，不会在工作中裹足不前，在挫折面前才能够笑脸面对，镇定处之。

先要"埋头"才能"出头"

生活中，很多人喜欢把人生理想、伟大抱负挂在嘴边上，逢人便说，而自己却不肯为理想付出努力。理想的实现要看取得成绩的多少，而不是高谈阔论、虚张声势，要知道，如果一个人不切实做出成绩，就算他真有经天纬地、运筹帷幄之才，又有谁会买他的账呢，恐怕只能徒增别人对他的厌烦。

在追求理想的道路上，先要"埋头"，才能"出头"，当客观条件不充分时，沉住气，在低处养精蓄锐，待时机成熟时再放手一搏，才不失为一种出奇制胜的明智之举。

在京城有一家非常有名的中外合资公司，前往求职的人如过江之鲫，但其用人条件极为苛刻，有幸被录用的比例很小。从某名牌高校毕业的小李，非常渴望进入该公司。于是，他给公司总经理寄去一封短笺。很快他就被录用了，原来打动该公司老总的不是他的学历，而是他那特别的求职条件——请求随便给他安排一份工作，无论多苦多累，他只拿做同样工作的其他员工4/5的薪水，但保证工作做得比别人出色。

进入公司后，他果然干得很出色，公司主动提出给他全薪，他却始终坚持最初的承诺，比做同样工作的员工少拿1/5的薪水。

后来，因受所隶属的集团经营决策失误影响，公司要裁减部分员工，很多员工失业了，他非但没有下岗，反而被提升为部门经理。这时，他仍主动提出少拿五分之一的薪水，但他依然兢兢业业，是公司业绩最突出的部门经理。

后来，公司准备给他升职，并明确表示不让他再少拿一分薪水，还允诺给他相当诱人的奖金。面对如此优厚的待遇，他没有受宠若惊，反而出人意料地提出了辞职，转而加盟了各方面条件均很一般的另一家公司。

很快，他就凭着自己非凡的经营才干，赢得了新加盟公司上下一致的信赖，被推选为公司总经理，当之无愧地拿到远远高于那家合资公司许多的报酬。

当有人追问他当年为何坚持少拿1/5的薪水时，他微笑道："其实我并没有少拿一分的薪水，我只不过是先付了一点儿学费而已，我今天的成功，很大程度上取决于在那家公司里学到的经验……"

高标立世必须以低处修身为基点，这好比弹簧，压得越低则弹得越高，只有安于低调，乐于低调，在低调中蓄养实力，才能获取更大的发展。小李的成功经历给了我们很多启示，成功是靠做出来的不是吹出来的，只有沉住气，不断提升能力，才能为自己赢得更广阔的发展空间。同等条件下，肯"埋头"的人比浮躁的人在人生和事业上走得更远。某公司的董事长黄先生，在员工大会上讲过这样一件事：

在黄先生的公司里，有两位很出色的员工：袁先生和高小姐，均被另外一家公司看上，想以高价挖走他们。袁先生看到对方提出的薪酬标准比黄先生的高，于是很快就递交了辞职信。黄先生对他说："你再考虑一下，那家公司很可能只是要利用你。"但袁先生没有听从黄先生的劝告，坚决地投奔了那家公司。

而高小姐却拒绝了那家公司的高薪聘请，而是选择继续留在黄先生的公司，一直勤勤恳恳地工作。事情发展到后来，跳槽的袁先生果真如黄先生所料，并没有被得到重用。没过多久，当那家公司利用完袁先生以后，就把他"踢"出门外。

而选择留下的高小姐，当时已经是黄先生公司中国区的总裁了。

黄先生最后总结道："你来工作，并不是为了薪水这个目标，而是谋求将来的发展。那位袁先生看到的只是眼前的小利，而高小姐看得却很长远，她选择的是发展，像这种员工就值得去栽培。尽管发展之路开始时可能很艰难，但走到后面却是一条黄金之路。如果连路都是黄金铺成的，那还怕没钱吗？"

故事中的高小姐，面对竞争对手的高薪聘请，不为所动，仍能够安于岗位，脚踏实地，因此她取得了比袁先生更好的发展机会。

无论谁的人生，都难免遇到坎坷曲折。纵观古今中外，凡成大事业者，无一不是具备沉稳的性格，经得起诱惑，耐得住寂寞，无论在什么环境中都保得住操守，不忘记自己的方向。我们要有所成就，就要避免浮躁，放下身段，埋头苦干，只有这样才能"出头"。

积淀实力，打造自己的"金牌简历"

现代人最大的缺点就是没有耐心，不懂为自己打造招牌，于是不是抱怨这个岗位辛苦，就是抱怨那个岗位待遇不高，结果只让别人从你的简历上看到四个字：缺乏实力。所以不管你现在是一个普通的职员，还是升职到重要位置的领导，都要树立一个正确的做事信念，时时学习，时时充电，多为自己的人生简历上增添一点儿实质性的内容，给自己打造一只金饭碗。

有一个学习计算机的年轻人，大学毕业后四处求职，暑假过去了，他依然没有找到理想的工作，眼看身上的钱就要用完了。有一天，报纸上登出一则招聘启事，一家新成立的电脑公司需要招聘各种电脑技术人员20名，但需要经过考试。年轻人报了名，之后就潜心复习，终于在200多名报名者中脱颖而出。

在这个刚成立的公司，又是试用期，年轻人的待遇自然不高。但在走上工作岗位后，他才真正认识到自己的知识欠缺太多。公司每晚要留值班人员，家住本市的同事都不愿意值班，他就索性搬到单位住，包揽了所有值班任务。每晚9点关门后，他就在办公室拼命钻研电脑知识，比读大学的时候还勤奋十倍，工作两个月后，他就成为公司的技术骨干了。

小有成就的年轻人留在了这家公司，他继续每天学习，两年后，他考取了国际和国内网络工程师资格证书，成为一名网络工程师，已经有一些猎头开始给他打电话，向他推荐不错的工作。

几年过去，随着公司的发展壮大，不到30岁的他就凭借出色的业绩在这家公司拥有了高薪职位，并拥有了一定股份。

"铁饭碗"的时代早已成为历史，死守着铁饭碗的旧观念早已经不合时宜了。人们在可以自由选择成功之路的同时，也失去了曾经绝对的安全感，剩下唯一可以依靠的便是自己的能力，不管哪个企业、哪家单位，都不会拒绝一个有"金牌简历"的人。什么叫作"金牌简历"？

很多人以为，简历就是刚参加工作的人需要的东西，自己已经工作了，对未来也没有什么计划，简历已经没有价值了。那么，这种观点就大错特错了，真正的简历，就是你参加工作以后的表现，有经验的人并不看重没有什么工作经验的大学生的简历，看中的正是那些参加了一两年工作的人的简历上，是否有什么亮点。所以说，假如你在现在的岗位上努力工作，不仅是在为现在多挣一点儿回报，更是为将来自己的全局发展增加一点儿筹码。

正如一位哲人说："好高骛远会导致盲目行事，脚踏实地则更容易成就未来。"当下正在进行的事情，正需要我们脚踏实地干，摒弃以往陈旧观念的做事信条，在一点点看似平常的工作中，逐渐累积，用不断积淀的实力，慢慢谱写自己的"金牌简历"。

第七章

沉不住气，自然斤斤计较不大气

聪明的人懂得"吃亏是福"。吃亏是沉住气、通观全局的眼光，是精明睿智的妥协，是淡定从容的洒脱，是不去争强斗狠的风度，是获得长远利益的动力与基石。睿智的人具有包容的智慧。包容是换位思考的理解，是修身养性的真经，是俯仰自如的风度。心胸有多大，事业就有多大。包容有多少，拥有就有多少。

就平处坐，从宽处行

不论是想成就一番不平凡的事业，还是想快乐平凡地度过一生，懂得包容都是一堂人生的必修课。

仇恨要比生气更深，更歇斯底里，也更伤神。产生这种情感的原因很多，有些像蜻蜓点水似的无关痛痒，有些也许真的让人伤心欲绝，但有一点是相同的，那就是心怀仇恨的人，心里永远都是杂草丛生，他们的神经永远上了发条紧张之至，他们没有快乐。仇恨往往伴随着复仇的激情，一旦复仇成功，剩下的就是生命的空白，如果仇恨不能够得以释放就会畸形地延续下去，等待着有朝一日如山洪那样爆发，其毁灭性不可预测。

当然，面对仇恨我们并不是绝对的无能为力，有这样一个哲理深刻的小故事：

古希腊神话中有一位大英雄叫海格力斯。

一天，他走在坎坷不平的山路上，发现脚边有个袋子似的东西很碍脚，海格力斯踩了那东西一脚，谁知那东西不但没被踩破，反而膨胀起来，加倍地扩大了。海格力斯恼羞成怒，拿起一根碗口粗的木棒砸它，那东西竟然大到把路堵死了。

正在这时，山中走出一位圣人，对海格力斯说："朋友，快别动它，忘了它，离开它远去吧！它叫仇恨袋，你不侵犯它，它便小如当初；你若侵犯它，它就会慢慢地膨胀起来，挡住你的路，与你敌对到底！"

海格力斯听了，不再理会那个袋子，不一会儿袋子便逐渐缩小，和原来一样，道路也畅通如初了。

生活中每个人都是一个独立的个体，都有自己的所需和所想，人与人之间难免会有些许摩擦、纠缠甚至是恩怨，任何让人不快的情绪也都可能成为心里的一层阴影，一种负担，一种痛苦。天长日久，不断叠加的怨气和痛苦成了人们心中的仇恨袋。触动它，就会膨胀；远离它，它就会慢慢淡化消失。就像一根橡皮筋，不能过度地拉扯，否则它就会断掉，最疼的永远是不肯放手的一端。

等繁华落尽，生命的印迹如落叶那样历历在目时，我们就会发现，在这短暂的一生中，我们因沉于仇恨而忽视了许多东西，就像仇人间尝试性的微笑那样，被我们抛却拒绝了。之后才发现再深的仇恨也抵不过沧海桑田，人生在世能多一分宽容，是多么的美好和珍贵。

没有一颗心是渴望仇恨的，每一个灵魂都孤单地等待着同类的拥抱。宽容是一种涵养，是一块拉近情感距离的磁铁，它能舒缓矛盾，能弥补和修复感情的裂痕。它得到过许多智慧之人的褒扬，如一位诗人说："宽容是芬芳的花朵，友谊是它的果实。"一位哲人说："宽容是清凉的甘露，浇灌了干涸的心灵。"

宽容是一种修养和良好品质，是人生的艺术技巧，也是一种基本的处世方法和做人原则。许多事情本有不同的解决方式，仇恨则使人元气大伤，宽容则给人多一分从容，也带来别样的人生。世间多一分宽容，就多一分平和，多一分纯净。

宽容引起的道德震动比惩罚更强烈

教育家苏霍姆林斯基说："有时宽容引起的道德震动比惩罚更强烈。"宽容有比责罚更强烈的感化力量。能容天下才，方能为天下人所容。宽容不仅能医治被宽容者的缺陷，还可以挖掘出宽容者身上的伟大之处。你若要彩虹，你就得宽容雨点。宽以待人不仅是一种待人接物的态度，而且还是一种高尚的道德品质，它能够化解人和人之间的许多矛盾，增强人和人之间的友好情感。宽以待人，不断提高自己的思想境界，就能使自己成为一个道德高尚的人。

相传，秦穆公丢失了一匹心爱的骏马，后来在岐山下找到了，原来是被农民吃了，吃马肉的有三百余人。官吏要惩治他们，秦穆公不同意，对他们说："君子不以畜产害民，吾闻吃马肉不饮酒，会对人身体有伤害。"便叫随从留下酒，让吃马肉的每个人喝了酒，然后才放心离去。

后来，秦晋两国打仗，秦穆公被晋军包围，即将被俘虏，正在这危急时刻，一支生力军冲进去把秦穆公救了出来，使秦军反败为胜，俘虏了晋惠公。原来这支生力军就是当年吃马肉的那些农民。

能宽恕者得仁报。秦穆公宽恕食其马肉的农民最终得到他们的拼死相救，传为千古美谈。宽容不仅是爱心的体现，而且是不可缺少的做人资本，从表面上看，它是一种放弃报复的决定，但实际上，宽容是一种需要巨大精神力量支持的积极行为，是一种必不可少的做人品质，更是一种做人的正确的自我意识的体现。

在社会生活中，每个人都要与他人打交道，有时难免会遇到别人的为难与挑衅，这时就应当宽厚待人，不过于苛求他人，善于容人之过，这样你的周围才会充满知心朋友和支持者。

在美国的一家菜市场里，有位中国妇女的摊位生意特别红火。邻近的几家摊贩心生嫉妒，每到收摊的时候，都将烂菜叶等垃圾堆到她的摊位前。那位中国妇女见后，从来都不跟他们争执，反而一脸平静地将垃圾扫到自己的角落里，收摊后再默默地打扫干净。

有一次，一位常来买菜的美国妇女看不下去，忍不住问道："他们都把垃圾扫到你这里，明摆着是欺负你，你为什么一点儿都不生气呢？"中国妇女笑着说："在我们国家，每到过年的时候，大家都不会往外倒垃圾。家里的垃圾越多，来年就能够有更多的财富。您

100

看，他们每天把垃圾扫到我这里，其实是在祝福我的生意越来越好，果然，您看，我的生意不是越来越好了吗？"那些嫉妒她的摊贩听后，立即羞愧不已。从此，他们再也没有把垃圾扔过去了。

这位中国妇女没有以牙还牙，而是泰然处之，保持缄默，用与人为善的美德，宽恕了别人，同时也为自己营造了一个安宁的心境和融洽的人际环境。

英国诗人济慈说："人们应该彼此容忍，每个人都有缺点，在最薄弱的方面，每个人都能被切割捣碎。"每个人都有弱点与缺陷，都可能犯下这样那样的错误，冤冤相报抚平不了心中的伤痕，它只会将伤害者和被伤害者捆绑在无休止的争吵战车上，所以，在遇到矛盾的时候，要沉住气，心存宽容，只有宽容才是消除矛盾的有效方法。印度"圣雄"甘地说得好，如果我们对任何事情都采取"以牙还牙"的方式来解决，那么整个世界将会失去色彩。

沉住气，学会宽容，对于化解矛盾，赢得友谊，保持家庭和睦、婚姻美满是至关重要的，同时，对你的工作也具有重要的推动作用。宽容是一种高贵的品质、崇高的境界和人生格局，是精神的成熟、心灵的丰盈。

有了这种品质、这种境界、这种格局，人就会变得豁达，变得成熟。宽容是一种仁爱的光，是对别人的释怀，也是善待自己。有了宽容之心，就会远离仇恨，避免灾难。宽容是一种生存的智慧、生活的艺术，是看透了社会人生以后所获得的那份从容、自信和超然。有了这种智慧、这种艺术，我们面对人生，就会从容不迫。

遇谤不辩，沉默的宽容

所谓"夫大道不称，大辩不言，大仁不仁，大廉不谦，大勇不忮。道昭而不道，言辩而不及，仁常而不成，廉清而不信，勇忮而不成"，这句话的意思是，至高无上的真理是不必称扬的，最了不起的辩说是不必言说的，最具仁爱的人是不必向人表示仁爱的，最廉洁方正的人是不必表示谦让的，最勇敢的人是从不伤害他人的。真理完全表露于外那就不算是真理，逞言肆辩总有表达不到的地方，仁爱之心经常流露反而成就不了仁爱，廉洁到清白的极点反而不太真实，勇敢到随处伤人也就不能成为真正勇敢的人。

能具备这五个方面的人可谓了悟了做人之道。所谓真理不必称扬，会做人不必标榜。真正有修养的人，即使在面对诽谤时也是极具君子风度的。沉住气，以坦然心境面对诽谤，古往今来，能做到这点的也不乏其人，但能达到像白隐禅师这种境界的，则恐怕是凤毛麟角了。

有位修行很深的禅师叫白隐，无论别人怎样评价他，他都会淡淡地说一句：就是这样吗？

在白隐禅师所住的寺庙旁，有一对夫妇开了一家食品店，家里有一个漂亮的女儿，无意间，夫妇俩发现尚未出嫁的女儿竟然怀孕了。这种见不得人的事，使她的父母震怒异常。在父母的一再逼问下，她终于吞吞吐吐地说出"白隐"两字。

她的父母怒不可遏地去找白隐理论，但这位大师不置可否，只若无其事地答道："就是这样吗？"孩子生下来后，就被送给白隐，此时，他的名誉虽已扫地，但他并不以为然，只是非常细心地照顾孩子——他向邻居乞求婴儿所需的奶水和其他用品，虽不免横遭白眼，或是冷嘲热讽，但他总是处之泰然，仿佛他是受托抚养别人的孩子一样。

事隔一年后，这位没有结婚的妈妈，终于不忍心再欺瞒下去了，她老老实实地向父母吐露真情：孩子的生父是住在同一幢楼里的一位青年。

她的父母立即将她带到白隐那里，向他道歉，请他原谅，并将孩子带回。

白隐仍然是淡然如水，他只是在交回孩子的时候，轻声说道："就是这样吗？"仿佛不曾发生过什么事；即使有，也只像微风吹过耳畔，霎时即逝！

白隐为给邻居女儿以生存的机会和空间，代人受过，牺牲了为自己洗刷清白的机会，受到人们的冷嘲热讽，但是他始终处之泰然，只有平平淡淡的一句话——"就是这样吗？"

在现实生活中，口舌之交是人际沟通中最重要的一种方式。在这个沟通过程中，言来言去，难免有失真之语。诽谤就是失真言语中的一种攻击性恶意伤害行为。俗语云："明枪易躲，暗箭难防。"也许，在很多时候，诽谤与流言并非我们所能够制止的，甚至是有人群的地方就有流言。而我们对待流言的态度则显得尤为重要，正如美国总统林肯所说："如果证明我是对的，那么人家怎么说我就无关紧要；如果证明我是错的，那么即使花十倍的力气来说我是对的，也没有什么用。"

当诽谤已经发生，一味地争辩往往会适得其反，不是越辩越黑便是欲盖弥彰。还是鲁迅先生说得好：沉默是金。的确，对付诽谤最好的方法便是保持沉默，让清者自清而浊者自浊，这才是明智的选择。

　　武则天称帝后，任命狄仁杰为宰相。有一天，武则天问狄仁杰："你以前任职于汝南，有极佳的表现，也深受百姓欢迎。但却有一些人总是诽谤诬陷你，你想知道详情吗？"狄仁杰立即告罪道："陛下如认为那些诽谤诬陷是我的过失，我当恭听改之；若陛下认为并非我的过失，那是臣之大幸。至于到底是谁在诽谤诬陷，如何诽谤，我都不想知道。"武则天闻之大喜，推崇狄仁杰为仁师长者。

　　做人难，难在如何面对诽谤诬陷。狄仁杰被认作武周一代名臣，是很有道理的，从这段文字中我们也可以窥出几分。俗话说：流言止于智者，真正有智慧的人是不会被流言中伤的。因为他们懂得用沉默来对待那些毫无意义的流言诽谤。鲁迅先生说过："沉默是最好的反抗。这种无言的回敬可使对方自知理屈，自觉无趣，获得比强词辩解更佳的效果。"

　　沉住气，用沉默来应对诽谤，让清者自清、浊者自浊，诽谤最终会在事实面前不攻自破。这是我们从圣人的思想中撷取的智慧之花，在现实生活中，做人拥有"不辩"的胸襟，就不会与他人针尖对麦芒，睚眦必报；拥有"不辩"的情操，友谊永远多于怨恨。

以德报怨怨自消

《诗经·卫风》云："投我以木桃，报之以琼瑶。"就是说，你对我好，我对你更好。普通的朋友之间尚且如此，倘若胸怀宽广，对自己的对手也能"投以木桃"，那你的对手也一定会感激涕零，视你为恩人一般。日后定会选择时机报答你，给予你帮助，让你获得更大的成功。

一位名叫卡尔的卖砖商人，由于另一位对手的竞争而陷入困境之中。对方在他的经销区域内定期走访建筑师与承包商，告诉他们卡尔的公司不可靠，砖块不好，生意也即将面临歇业。

卡尔对别人解释说他并不认为对手会严重伤害到他的生意。但是这件麻烦事使他心中生出无名之火，真想"用一块砖来敲碎那人肥胖的脑袋作为发泄"。

"有一个星期天早晨，"卡尔说，"牧师布道时的主题是：要施恩给那些故意为难你的人。我把每一个字都吸收下来。就在上个星期五，我的竞争者使我失去了一份25万块砖的订单。但是，牧师教我们要善待对手，而且他举了很多例子来证明他的理论。当天下午，我在安排下周日程表时，发现住在弗吉尼亚州的一位我的顾客，正因为盖一间办公大楼需要一批砖，而所指定的砖的型号不是我们公司制造供应的，却与我竞争对手出售的产品很类似。同时，我也确定那位满嘴胡言的竞争者完全不知道有这笔生意机会。"

卡尔感到为难，是遵从牧师的忠告，给予对手这笔生意的机会，还是按自己的意思去做，让对方永远也得不到这笔生意？

到底该怎样做呢？

卡尔的内心挣扎了一段时间，牧师的忠告一直在他心中。最后，也许是因为很想证实牧师是错的，他拿起电话拨到竞争对手家里。

接电话的正是那个对手本人，当时他拿着电话，难堪得一句话也说不出来。卡尔还是礼貌地直接告诉他有关弗吉尼亚州的那笔生意。结果，那个对手很感激卡尔。

卡尔说："我得到了惊人的结果，他不但停止散布有关我的谎言，而且还把他无法处理的一些生意转给我做。"

没有永久的敌人，也没有永久的朋友。对于昔日的对手，打击报复只能为自己埋下更多的祸根，而善待我们的对手，不但能够感化他们，还会为我们自己的事业扫除许多障碍。

以德报怨，善待对手。英国前首相丘吉尔一生都奉行这句话，在用人方面更是如此。丘吉尔作为保守党的一名议员，历来非常敌视工党的政策纲领，但他执政时却重用了工党领袖艾礼，自由党也有一批人士进入了内阁。更令人称道的是，他在保守党内部，对待前首相张伯伦也没有以个人恩怨去处理他们之间的关系。他不计前嫌，很好地团结了对手，显示了他宽阔的胸怀和高明的用人之术。

张伯伦在担任英首相期间，再三阻碍丘吉尔进入内阁，他们的政见不合，特别是在对外政策上，张伯伦和丘吉尔存在很大的分歧。后来张伯伦在对政府的信任投票中惨败，社会舆论赞成丘吉尔领导政府。出人意料的是，丘吉尔在组建政府的过程中，坚持让张伯伦担任下院领袖兼枢密院院长。这是因为他认识到保守党在下院占绝大多数席位，张伯伦是他们的领袖，在自己对他进行了多年的批评和严厉的谴责之后，取张伯伦而代之，会令保守党内许多人感到不愉快。为了国家的最高利益，丘吉尔决定留用张伯伦，以赢得这些人的支持。

后来的事实证明，丘吉尔的决策很英明。当张伯伦意识到自己的绥靖政策给国家带来巨大灾难时，他并没有利用自己在保守党的领袖地位来给昔日的对手丘吉尔找麻烦，而是以反法西斯的大局为重，竭尽全力做好自己的分内之事，很好地配合了丘吉尔。

由此可见，如果你能够以一颗宽容的心来公平对待你的对手，善待你的对手，与对手冰释前嫌，就能赢得对手的尊重与友谊，同时也为自己找到了可靠的朋友。

多交朋友，少结冤家

当你面对一个敌人的时候，你所面临的将不只是一个敌人，你所感受到的威胁将十倍百倍于他实际上给你的威胁。而当你用友情感动了一个敌人，使他成为你的朋友的时候，你所得到的也将不只是一个朋友，你所感受到的快乐也将十倍百倍于他实际给你的快乐。由两个势不两立的敌人一变而为互相谅解的朋友之后，不但有一种如释重负的轻松，而且可以互通有无，共同成就事业。

唐代大将郭子仪、李光弼二人原本在节度使史思顺手下当差，但二人长期不和，甚至到了水火不容的地步。

史思顺外调，郭子仪因才华出众而被任命为节度使，李光弼担心郭子仪公报私仇，欲带兵逃走，但又有点儿犹豫不决。当安禄山、史思明发动叛乱时，唐玄宗命郭子仪领兵讨伐。身为大将，此时正是报效国家的时刻，李光弼找到郭子仪说："我们虽共事一君，但形同仇敌，如今你大权在握，我是死是活，你看着办吧！但恳请放过我的妻儿。"

营帐里的气氛顿时凝固起来，众多将领不知所措。在这种情形下，如果郭子仪感情用事，后果将不堪设想。但郭子仪毕竟有大将风度，他握住李光弼的手，眼含热泪地说："国难当头，皇上不理朝政，作为臣子，我们怎能以私人恩怨为重，而置国家安危于不顾呢？"说完倒地便拜。

李光弼被郭子仪的诚心所感动，他在战斗中积极出谋划策，打败了叛军。郭子仪推荐李光弼当上了节度使。后来，李光弼的权力日益增大，与郭子仪同居将相之职，二人之间没有半点猜忌之心。

这是一个皆大欢喜的结局，不仅因为郭子仪的虚怀能容，宽广能恕，更因为诚心感动了他人而获得双赢。就像廉颇与蔺相如的关系一样，郭子仪与李光弼的友谊也成了千古佳话。

可见，不计前嫌、克己让人、以德报怨，是中国人在处理人际关系时常常采用的一种好方法。如果没有与人为善的愿望，没有博大的胸怀、豁达的胸襟和宽容的气度，是很难做到这一点的。

现代社会中，倡导竞争机制，这就使许多人成为你的竞争对手。如果和这些人只是偶然相处倒也罢了，问题是有时你会被迫长时间和他们交往、相处和共事。在这种情况下，你的烦恼是可想而知的，如何对付这些对手的确需要一些艺术。

20世纪初，美国有一个年轻商人兼政治活动家叫皮亚，他对一位知名大企业家汉拿非常不满意，甚至接连两次拒绝与他见面。

那时，汉拿即将成为某政党的政治领袖。但是在年轻的皮亚看来，汉拿只不过是个"坏蛋"，一个地方上的"党魁"罢了。他每次看见报上对汉拿的称颂，没有一次不摇头痛骂。

后来汉拿的朋友对他说："你最好还是和皮亚好好谈一次，消释彼此的意见。"于是，在一个拥挤的旅馆客房里，汉拿被引到一个沉静的穿灰外套的青年面前，那人坐在椅中并没有主动问候进来的人。

待友人介绍"这位就是皮亚先生……"之后，汉拿对来访者说了很多话。

出乎皮亚意料的是，汉拿对于他的事情了如指掌，他谈了许多关于他父亲担任法官的事情、关于他伯父的事情以及关于他自己对于政治纲领的意见。汉拿说："哦，你是从奥马哈来的吗？你的令尊不是法官吗……"年轻的皮亚不免吃惊了。汉拿又说："哦，有一次你父亲帮助我的朋友在煤油生意上挽回了一大笔损失呢……"说到这里，汉拿突然冒出一句感慨："有许多法官知识渊博、思维敏捷，他们的能力远远胜于普通的企业家。"接着又说："你有一位伯父在哈斯顿吗？让我想一想……现在你能对我说说，你对于那些政治纲领还有什么意见？"

此时，皮亚已完全改变了对汉拿的看法，他像面对一个自己熟悉的朋友一样，与他侃侃而谈，气氛轻松和谐。就这样，汉拿以他宽广的胸怀和平易近人的态度结交了一个新的忠诚的朋友。

从此以后，皮亚最大的兴趣，就是与这个他曾经非常憎恨的汉拿交往，并且忠心耿耿地为他服务。

事实上，在生活与工作中我们也许并没有真正的对手。如果有的话，只是因为你的处世水平还不够高。那些处世水平高的人，善于与难以相处的人结交朋友。这样，不但可以提高自己的声誉，博得心胸宽广的美名；更重要的是，他积累了别人难以得到的人脉资源，为自己事业的发展开拓了无限宽广的道路。

很多时候我们之所以会树敌，是因为不了解对方，因而在无意间冒犯了对方，所以只要能了解这一点，有效避开"地雷"，不闯入对方的禁区，彼此就可保持友好的关系。

中国有句俗话："冤家宜解不宜结。"许多人从亲身经历中体会到：多一个朋友多一条路，少一个仇人少一堵墙。以德报怨，化怨恨为友爱，减少对立者，广交天下友，将有助于我们创造一个和谐融洽的环境和氛围，以开辟通向成功事业的宽阔人生之路，使我们活得轻松愉快，活得充实而有意义。

想要利己，先要利人

生活中，一般没人愿意吃亏，不但如此，还想多占便宜，这符合人利己的本性，本无可厚非，但从更长远的角度来看，有时候，不愿吃亏反而是一种短视行为，赚了眼前小利，反而损失了日后的大利。不要因为吃一点儿亏而斤斤计较，开始时吃点儿亏，实是为以后的不吃亏打基础，不计较眼前的得失是为了着眼于更大的目标。

做事有长远计划的人，不会只计较自己的获得，而是懂得在适当的时候舍弃。因为他们知道，有时候吃亏并不是一种灾难，只有在经历了一番舍弃以后，才能获得更多的收获。

英国哈利斯食品加工工业公司总经理亨利，有一次突然从化验室的报告单上发现，他们的食品生产配方中，起保鲜作用的添加剂有毒，虽然毒性不大，但长期服用对身体有害。如果不用添加剂，则又会影响食品的鲜度。

亨利考虑了一下，他认为应以诚对待顾客，于是他毅然把这一有损销量的事情告诉了顾客，随之又向社会宣布，防腐剂有毒，对身体有害。

他做出这样的举措之后，自己承受了很大的压力，食品销路锐减不说，所有从事食品加工的老板都联合起来，用一切手段向他反扑，指责他别有用心，打击别人，抬高自己，他们一起抵制亨利公司的产品，亨利公司一下子跌到了濒临倒闭的边缘。苦苦挣扎了4年后，亨利的食品加工公司无以为继，但他的名声却家喻户晓。

这时候，政府站出来支持亨利了。哈利斯公司的产品又成了人们放心满意的热门货。哈利斯公司在很短时间内便恢复了元气，规模扩大了两倍。哈利斯食品加工公司一举成了英国食品加工业的龙头公司。

很多人认为吃亏是一种损失，自己想要的东西没有得到，或者本来应该拥有的没有获得，心中总会有一种失落感。可是，如果你不舍弃自己的利益，成全别人，就不会得到别人更多的关心和支持。

吃亏是福，乃智者的智慧。在利益面前是否愿意吃亏就能看出一个人能否成就大业。古往今来，有许多人就因为一时一地的争权夺利而使自己的地位一落千丈。若是在利益面前能够沉住气，心如止水，并在关键时刻能主动让出自己的利益，最终往往能因舍小利吃小亏而赢得长远的利益。

深圳有一位农村来的没什么文化的妇女，起初给人当保姆，后来在街头摆小摊儿，卖一个胶卷赚一角钱。她认死理，一个胶卷永远只赚一角。后来她开了一家摄影器材店，门面越做越大，还是一个胶卷赚一角；市场上一个柯达胶卷卖23元，她卖16元1角，批发量大得惊人，深圳搞摄影的没有不知道她的。外地人的钱包丢在她那儿了，她花了很多长途电话费才找到失主；有时候算错账多收了人家的钱，她心急火燎找到人家还钱。听起来像傻子，可赚的钱不得了，在深圳，再牛气的摄影商，也得乖乖地去她那儿拿货。

在很多人眼里，这位妇女总是做着吃亏的傻事，可正是因为她的勇于吃亏，正是她对于别人利益的成全，才能吸引更多的顾客，才能让自己的生意越来越红火。所以说，吃亏并没有我们想象的那么可怕，有时候吃亏反而是一种福气。

"吃亏是福"不是句套话，尤其是关键时候要有敢于吃亏的气量与风度，这不仅体现了一个人宽大的胸怀，同时也是做大事业的必要素质。把关键时候的亏吃得淋漓尽致，才是真正的赢家。

第八章

沉不住气，难免心浮气躁没生气

在追求幸福的道路上，许多的努力不是一下子就可以看到成果，需要忍耐和等待。有了忍耐，才有了坚持以及坚持的可贵；有了等待，才有了希望以及希望的美丽。其实，不但幸福需要忍耐和等待，在一定程度上，忍耐和等待本身就是幸福。忍耐和等待的结果并不重要，重要的是忍耐和等待的过程，幸福的意义就在这个过程中。

用时间沉淀幸福的感觉

做人如登山，每个人都是从山底出发，仰望着那看似高不可攀的峰顶。只要心怀一颗平常心，勇敢地在人生的旅途中开拓进取，在某一时刻蓦然回首时，你就会发现，自己已经到达人生的顶峰，可以"一览众山小"。

做人应常怀一颗平常心。如果没有平常心，行走在人生的旅途中就会患得患失、自私自利、心灵难有真平静。修平常心，是为了更好的进取，否则人生将在原点打转，永远看不到山顶的风景。

平常心让幸福成为一种沉淀心底的感觉，随时随地都可以漾起微波，在人的心底荡起层层涟漪。

苏轼因"乌台诗案"被贬到黄州做小吏，于城东开荒种地，在黄州的第三个春天，苏轼写下了一首通透的小词："莫听穿林打叶声，何妨吟啸且徐行。竹杖芒鞋轻胜马，谁怕？一蓑烟雨任平生。料峭春风吹酒醒，微冷，山头斜照却相迎。回首向来萧瑟处，归去，也无风雨也无晴。"

词中描述野外途中偶遇风雨这一生活中的小事，于简朴中见深意，于寻常处生奇景其词注更是有几分禅性："三月七日沙湖道中遇雨。雨具先去，同行皆狼狈，余独不觉。已而遂晴，故作此。"

"余独不觉"表现出诗人旷达超脱的胸襟。面对人生的沉浮、利害得失、情感的忧乐，他的理解是"也无风雨也无晴"，这就是一种对人生深度理解后心灵的回归，心与天地同呼吸，与万物共命运，和谐共存，从而达到的平常心境。

当然苏轼的平常心并不是对命运的妥协，并不是丧失进取，即使仕途失意，他依然在文学路上不断前行，最终达到顶峰，成为中国历史上最璀璨的一颗星。

苏轼就是在平常心中不断进取的典范。为人具有平常心，他就能不以物喜，不以己忧。波澜不惊，生死不畏，利不能诱，邪不可干，就能潇洒地活在世界上，不为物累，不为人忙，只求心中的一份安宁与惬意。

拥有一颗淡定的平常心，也并不是让人安于现状，不思进取。安于现状的人其结果是身心的怠惰与生命的枯萎，而平常心绝不是让生命枯萎，它更是让生命之花在惬意、平和中傲然绽放。

因此，在平常心这份土壤中，生长着一份淡然的心境，也只有在生活的过程中，才能体会平常心的可贵。如果你持一种悲观颓废、安于现状、甘于平庸的心态去对待生活，你就会如苍茫大海上的一叶孤舟，随时可能迷失方向，甚至还会颠覆、夭折。

如果你以轻松、明朗的心态去迎接生活，以勇锐盖过怯弱，以进取压倒苟安，你的人生将阳光普照、鸟语花香。是的，我们不能决定人生的长度，但我们可以用平常心拓展人生的宽度。

人情世故要看透，赤子之心不可丢

人这一辈子最无忧无虑的就是童年。当你还是个孩童，你从不会认为活着是件很累的事情，似乎所有的事情都理所当然。虽然你也会好奇为什么天是蓝的，草是绿的，但你并不在乎真正的缘由。人一旦长大，接触的事情多了，要考虑的东西多了，渴望的东西也变得多了，活着就变成一件很累的事。

其实并不是儿童更懂得如何生活，能够更好地洞悉事情的真相，而是因为成人早就失去了当初那颗赤子之心。所以，当你感觉到自己被生活的重负压得透不过气时，不妨试着做回孩子，用纯净简单的心情去面对生活的纷扰。

孟子说过，"大人者，不知其赤子之心者也"。这里的"大人"并不是我们所说的成人，而是指能够成就大业的人。似乎人们从未意识到，孩童比起成人面对明确的目标或目的要更执着，大人在嘲笑他们的幼稚时，却从未意识到他们的执着。

凯尔泰斯·伊姆雷是一个匈牙利木材商的儿子，从小周围的人都嘲笑他愚笨，喜欢戏弄他。有一天，他做梦，梦到自己由于写文章获得了诺贝尔文学家。他高兴地醒来后，把这个梦告诉给所有他认识的人。那些嘲笑他的人告诉他，你那是在做梦而已，别在那儿痴人说梦了。可是他的妈妈却轻轻地摸了摸他的头，说："孩子，太好了，这是上帝给你的暗示啊。你是被上帝选中的人，拿起你手中的笔吧！"此后，小凯尔泰斯真的热爱上了写作，甚至当他被抓进集中营的时候他也没有放弃。在集中营内每天都有数以百计的人死去，更有数不清的人被折磨得精神崩溃，然而凯尔泰斯凭借着自己要成为作家，要获得诺贝尔文学奖的念头支撑了下来。在他看来，只要能够坚持住，他就能从事他这辈子最热爱的职业。1965年，凯尔泰斯写出了他人生中的第一部作品。2002年，他像做梦一样站在了诺贝尔文学奖的领奖台上，获取了由瑞典皇家文学院授予的诺贝尔文学奖。

　　在他的获奖感言中有这么一句："我只知道，当你喜欢做这件事，多少困难你都不在乎时，上帝就会抽出身帮助你。"

　　也许有人会说凯尔泰斯·伊姆雷的成功是因为他日复一日的坚持，但没有人能够否认正是像孩子要抓住手中糖果一样的执着，让他坚持了下来。正是他的那颗赤子之心让他一直坚持到了梦想成真。

　　有多少人早已记不清自己童年时的梦想，又有多少人忘却了人活着最质朴的那颗童心。大人们总是生活在胆战心惊和相互猜忌之中，生怕别人看穿了自己的心思，以为这样才能够获得自己的想要的，却不知道最宝贵的东西就这样被无情地丢弃了。

帕斯卡尔说："智慧把我们带回到童年。"越是睿智的人越懂得孩童的珍贵，越了解在纷繁复杂的成人世界里，最需要的是试着做回一个孩子。

　　孩子并不懂得分辨钻石的价值，让他们面对钻石和玻璃球时，他们宁可放弃价值上万的钻石，也要拿不值一文用来玩耍嬉戏的玻璃球。当成人看到这样的抉择，都会掩面而笑，认为他们太过痴傻。可谁知道，真正应该被嘲笑的是早就钻进了名利世界的成人。

　　有人问罗纳尔迪尼奥为什么能成为世界闻名的球员，他的成功有什么诀窍。罗纳尔迪尼奥挠了挠头，说他也不清楚，只是他觉得踢足球很有趣，是件能够让自己快乐的事。这个答案超乎了所有人的想象。

　　喜好是最好的老师，单纯的喜欢让罗纳尔迪尼奥将足球变成了一种艺术，也让他获得了成功。这其实和小孩子选玻璃球是一样的道理。面对人生的选择时，你要衡量的不应该是它们的实际价值或者价格，而是倾听自己心中的声音。

　　世界上最伟大最深刻的思想家并不是我们崇拜的哲人、智者，而是孩童。他们的思维因为简单而可贵，因为好奇而更容易认清世界。爱默生说："任何事物都不及伟大那样简单，事实上，能够简单便是伟大。"

　　就像《皇帝的新装》里一语说出真相的孩童，为什么当那些成年人都碍于种种借口种种理由时，那个孩子能一言说出真相。并不是那些成年人看不到，而是他们找借口说服自己，皇帝说的才是对的，他们用言语迷惑了自己。我们认为《皇帝的新装》中的皇帝、大臣很可笑，可现实生活中有多少人不是在自欺欺人呢？

联合国前秘书长安南在自己的庄园设宴举办慈善晚宴。许多社会名流以及富豪都纷纷赶来，为非洲贫困儿童募捐。在庄园的门口，保安们正小心谨慎地检查着来客的身份。只有那些手持邀请函的宾客和带有工作牌的工作人员才能进入。

一会儿，门口来了一个小女孩，她手里抱着一个小小的玩具想要闯进晚宴。门口的保安和这个小女孩产生了言语冲突，很快，宾客的目光被吸引了过去。只听见，那个小女孩突然大声说道："叔叔，慈善不是钱，是心，对吗？让我进去吧！"

小女孩的言语赢得了在场所有宾客的掌声，同时也在所有宾客的心中重重地击打了一下。

为什么小女孩会被挡在门外，究其原因是她没受到邀请，而分发邀请函的标准是社会地位和钱。可是慈善真正需要的是心，并不是有钱才可以做慈善。固然那些腰缠万贯的人可以利用钱来帮助很多需要帮助的人，可是只要你有一颗慈善之心，你也可以帮助别人。

和大人相比，孩子们即便知识匮乏却能凭借着自己特有的好奇心、感受力和想象力说出事情的真相。如果我们能丢掉身上的名利包袱，像孩子一样思考，能够诚实、坦荡、率性地面对人生，不去考虑功名利禄，不去担心得罪别人，就会幸福许多。

祸莫大于不知足，咎莫大于欲得

俗话说："猛兽易伏，人心难降；沟壑易填，人心难满。"人的欲望总是难以满足、永无止境，每个人都有各自的欲望，而生活所能够满足的那部分总是有限的。人生之祸多是源于不知足，虽然很多人过着衣食无忧、名牌傍身、跑车代步的日子，却依旧无法满足自身欲望，体会不到生活的快乐。

物质上的"不知足"所带来的，通常是自我的迷失和混乱的理智，这恰恰印证了《伊索寓言》中的一句话："贪婪往往是祸患的根源。"与之相比，那些能够自我满足的人，显得更加理智和成熟，能够抛开束缚自身的名缰利索，用一种豁达的态度来看待欲望和诱惑，追求更高远更充实更丰富的人生。

从前，海边住着一对靠捕鱼为生的老夫妻。一天，老渔夫捕到了一条美丽的金鱼，那条金鱼向他苦苦哀求道："假如你放我回到大海，我可以实现你的任何愿望！"老渔夫非常善良，他没有提出任何要求就把金鱼放回了大海。

老渔夫回到家后，把这件事情告诉了老太婆，老太婆非常生气，她骂道："为何什么要求都不提呢？快去给我要只新的木盆回来。"渔夫没有办法，只好去找金鱼，金鱼满足了他的要求。但是，有了新木盆之后，老太婆仍然不觉得满足，她又让渔夫一次次地去找金鱼，她有了房子、变成了贵妇人，还想要成为海上女霸王，让金鱼听任她的使唤。金鱼一次次满足了渔夫的要求，唯独这次却一言不语。渔夫回家后，发现那些金碧辉煌的东西就像根本未曾存在过一样，消失得无影无踪，老太婆依旧在门边守着破旧的小木盆……

故事中的"老太婆"正是社会中许多不知足的人的缩影，而渔夫的知足恰恰是社会所缺乏的精神。很多人不懂得知足，在同别人的攀比中越来越觉得无法满足，因而无法真正的快乐；有的人一味贪婪，不能抵挡住利益和诱惑，运用手中的权力来谋求财富、满足私欲，最终东窗事发，受到道德的指责和法律的制裁，为人民所不齿。古人常说，"祸莫大于不知足"，其道理恰在于此。

常言道，"知足者常乐"。贪求索取、无法抑制自己的欲望只会被卷入贪婪的深渊，终日痛苦不已。

放纵欲望、不知满足会导致堕落和毁灭，一味谋求欲望会为自己的贪婪付出代价。

1983年，石油危机爆发，为了缓解危机，石油大亨默尔不停地在两州之间奔波劳累，终于有一天，他病倒了。但是，病好之后，他却卖掉了公司，在苏格兰的老家定居下来。记者询问他离开的原因，默尔指着罗斯顿的名言说，"利奥·罗斯顿"。

后来，默尔在他的自传中提到了罗斯顿的这句名言，他说："富裕与肥胖没有什么两样，不过是获得超过自己所需的东西罢了。"从罗斯顿的名言里，默尔学会了知足，并知道了，健康和快乐才是一个人最宝贵的财富。

正如默尔所体会到的那样，那些无法控制自己的欲望、贪食贪财的人，往往会被自己的贪心所报复。而那些不能抵挡住利欲诱惑、贪得无厌，甚至为此不择手段、想方设法去攫取一切的人，最终往往会陷入欲望的深渊，将自己置于身败名裂、千夫所指的位置。

那些待在监狱里面的案犯，有谁不是因为放纵自己的欲望而锒铛入狱呢？对地位、利益的过度追求势必会付出相应代价，热衷于积敛财物、贪得无厌的人也一定会遭到更加惨重的损失。这也就是说，为了不受到屈辱、不遇到危险，我们得学会满足，在恰当的时机适可而止，这才是获得长久平安的良策。

想抓住的太多，能抓住的太少

俗话说，人心不足蛇吞象。永不满足的欲望一方面是人们不懈追求的原动力，成就了"人往高处走，水往低处流"的箴言；另一方面也诠释了"有了千田想万田，当了皇帝想成仙"的人性弱点。

在生活中，人们总喜欢抓住点什么：房子、金钱、名利……抓得世界五彩缤纷，抓得自己精疲力竭。

唐代文学家柳宗元写过一篇名为《蝜蝂传》的散文，文中提到了一种善于背负东西的小虫蝜蝂，它行走时遇见东西就拾起来放在自己的背上，高昂着头往前走。它的背发涩，堆放到上面的东西掉不下来。背上的东西越来越多，越来越重，不肯停止的贪婪行为，终于使它累倒在地。

人生在世，很难做到一点欲望也没有，但是物欲太强，就容易沦为欲望的奴隶，一生负重前行。每个人都应学会轻载，更应学会知足常乐，因为心灵之舟载不动太多负荷。

从前，一个想发财的人得到了一张藏宝图，上面标明在密林深处有一连串的宝藏。他立即准备好了一切旅行用具，特别是他还找出了四五个大袋子用来装宝物。一切就绪后，他进入那片密林。他斩断了挡路的荆棘，蹚过了小溪，冒险冲过了沼泽地，终于找到了第一个宝藏，满屋的金币熠熠夺目。他急忙掏出袋子，把所有的金币装进了口袋。离开这一宝藏时，他看到了门上的一行字："知足常乐，适可而止。"

　　他笑了笑，心想：有谁会丢下这闪光的金币呢？于是，他没留下一枚金币，扛着大袋子来到了第二个宝藏，出现在眼前的是成堆的金条。他见状，兴奋得不得了，依旧把所有的金条放进了袋子，当他拿起最后一条时，上面刻着："放弃了下一个屋子中的宝物，你会得到更宝贵的东西。"

　　他看了这一行字后，更迫不及待地走进了第三个宝藏，只见里面有一块如磐石般大小的钻石。他发红的眼睛中泛着亮光，贪婪的双手抬起了这块钻石，放入了袋子中。他发现，这块钻石下面有一扇小门，心想，下面一定有更多的东西。于是，他毫不迟疑地打开门，跳了下去，谁知，等着他的不是金银财宝，而是一片流沙。他在流沙中不停地挣扎着，可是他越挣扎陷得越深，最终与金币、金条和钻石一起长埋在流沙下了。

　　如果这个人能在看了警示后立刻离开，能在跳下去之前多想一想，那么他就会平安地返回，成为一个真正的富翁。物质上永不知足是一种病态，其病因多是权力、地位、金钱之类引发的。这种病态如果发展下去，就是贪得无厌，其结局是自我爆炸、自我毁灭。如星云大师所言，世间一切我们能抓住的只是很少的一部分，又何苦为了贪心而失去更多呢？

　　所以，生活中的我们应该明白：即使你拥有整个世界，你一天也只能吃三餐。这是人生思悟后的一种清醒，谁真正懂得它的含义，谁就能活得轻松，过得自在，白天知足常乐，夜里睡得安宁，走路感觉踏实，蓦然回首时没有遗憾！

《伊索寓言》中有这样一句话："有些人因为贪婪，想得到更多的东西，却把现在所拥有的也失掉了。"人赤条条地来到这个世界上，不可能永久地拥有什么。现代西方经济学界最有影响力的经济学家凯恩斯说过，从长期来看，我们都属于死亡，人生是这样短暂，即使身在陋巷，我们也应享受每一刻美好的时光。

真正快乐的力量来自心灵的富足

人生在世，荣华富贵并不一定就永久快乐，贩夫走卒也不是一辈子劳苦，一个人只要心安理得，恰如其分地做其"本分"事，即是幸福。

安贫乐道并不是让人不思进取，而是让人以贫困来磨炼自我，懂得勤劳耕耘才能收获；安守本分并不是让人处处退让，而是让人认清自己的能力，找到自己的位置，继而再接再厉的奋斗。恰如其分地做自己所能做到的事情，这才是富有的秘诀。

为人处世，穷而不乏，实属难能可贵的精神。毕竟荣华富贵常使人飘飘欲仙，而那些每天奔波劳碌的贩夫走卒，风餐露宿，看起来异常凄苦。但有了钱财和权利，未必总能给人带来快乐，烦恼也会随着名利袭上心头。反而是那些本本分分活着的人，每天做着恰如其分的事情，反而获得了幸福，因为他们或许物质上未能达到极大丰富，但精神却并不匮乏。

《庄子·山木》中记载了这样一则故事：

庄子身穿粗布衣并打上补丁，工整地用麻丝系好鞋子走过魏王身边。魏王见了说："先生为什么如此疲惫呢？"

庄子说："是贫穷，不是疲惫。士人身怀道德而不能够推行，这是疲惫；衣服坏了鞋子破了，这是贫穷，而不是疲惫。这种情况就是所谓生不逢时。大王没有看见过那跳跃的猿猴吗？它们生活在楠、梓、豫、章等高大乔木的树林里，抓住藤蔓似的小树枝自由自在地跳跃而称王称霸，即使是神箭手羿和逢蒙也不敢小看它们。等到生活在柘、棘、枳、枸等刺蓬灌木丛中，小心翼翼地行走而且不时地左顾右盼，内心震颤恐惧发抖；这并不是筋骨紧缩有了变化而不再灵活，而是所处的生活环境很不方便，不能充分施展才能。如今处于昏君乱臣的时代，要想不疲惫，怎么可能呢？这种情况比干遭剖心刑戮就是最好的证明啊！"

庄子物质生活很贫穷，但是他的精神生活却并不贫穷。安贫乐道是庄子对自己的要求，也是对世人的忠告。但正如庄子所说，贫穷并非疲惫，安贫乐道的人也并非没有精神内涵，不思进取。一个人物质上贫穷并不可怕，但一定不要使自己的心理贫穷，心理贫穷才是真正的可悲。庄子生活困苦，但是庄子的精神力量却散发出耀眼的光辉，他深谙快乐生活的道理，心与物游，天真烂漫，这种贫穷在某种意义上说是最富有的。

春秋时期的名士原宪住在鲁国，拥有一丈见方的房子，屋顶盖着茅草；用桑枝做门框，用蓬草做成门；用破瓮做窗户，用破布隔成两间；屋顶漏雨，地面潮湿，他却端坐在那里弹琴。子贡骑着大马，穿着白衣，里面是紫色的里子，小巷子容不下高大的马车，他便走着去见原宪。原宪戴着顶破帽子，穿着破鞋，倚着藜杖在门口应答，子贡说："呵！先生患了什么病？"原宪回答说："我听说，没有钱叫作贫，有学识而无用武之地叫作病，现在我是贫，不是病。"子贡因而进退两难，脸上露出羞愧的表情。

子贡自以为了不起，听了名士对于贫穷的看法，他自己的脸上也露出了羞愧的表情。因为他自己实际上有了心病，不能从高层次看待贫困的问题，也忍受不了贫困的生活，更不理解那些善于忍受贫困，而心怀大志的人。

不同的人对于贫穷的看法不同，标准不同，忍受贫穷的能力也不同。对于贫穷有些人是不得不居于贫困，所以觉得贫困是可怕的，这是着眼于物质生活的贫困。还有一些人是甘居贫困，是借贫困的环境来磨炼自己的意志，这是自觉地忍受贫困。不仅注重自己的物质享受，还看重自己的精神修养，这才是积极地忍受贫困。

贫穷毕竟不是什么幸福的事。每个人都希望改变贫穷的状况，但是急于求成或是靠歪门邪道去脱贫，不是真正的忍贫，而不过是贪恋富贵罢了。那些贩夫走卒，奔波劳苦，虽然过着贫苦的生活，但他们享受着劳动的快乐和精神的充实，一步一步地向幸福生活在迈进；那些满腹经纶的人，虽然积累学识非常辛苦，但他们可以用知识来创造财富，一样能飞黄腾达。相反，许多人心灵空虚，贪欲满腹，即使家财万贯，也未必能快乐，因为他们不知道知足常乐，不懂得心安理得，也就注定他们得不到快乐，只能在欲望和痛苦的泥淖中苦苦挣扎。只有当他们舍弃对外物的欲望，懂得贫富皆是福，才能心安理得地享受生命的自在与欢乐。

遗憾的人生，才是完整的人生

古人云："达亦不足贵，穷亦不足悲。"当年陶渊明荷锄自种，嵇康树下苦修，两位虽为贫寒之士，但他们能于利不趋，于色不近，于失不馁，于得不骄。这样的生活，也不失为人生的一种极高境界。

痛苦常常由欲望而生，追寻的时候苦于没有得到，得到的时候却又害怕将来的失去。欲望太多，又怎么能活得快乐呢？

伟大的作家托尔斯泰讲过这样一个故事：

有一个人想得到一块土地，国王就对他说："清早，你从这里往外跑，跑一段就插个旗杆，只要你在太阳落山前赶回来，插上旗杆的地都归你。"那人就玩命地跑，太阳偏西了还不知足。太阳落山前，他是跑回来了，但人已精疲力竭，摔了个跟头就再没起来。于是有人挖了个坑，就地埋了他。牧师在给这个人做祈祷的时候指着那个坑说："一个人需要多少土地呢？就这么大。"

人生的许多沮丧都是因为得不到自己想要的东西。其实，我们辛辛苦苦地奔波劳碌，最终的结局不都是只剩下埋葬我们身体的那点儿土地吗？在人生的旅途中，需要我们放弃的东西很多。古人云，鱼和熊掌不可兼得。如果不是我们应该拥有的，我们就要学会放弃。几十年的人生旅途，会有山山水水，风风雨雨，有所得也必然有所失，我们只有学会了放弃，才会拥有一份成熟，才会活得更加充实、坦然和轻松。

有一只木车轮因为被砍下了一角而伤心郁闷，它下决心要寻找一块合适的木片重新使自己完整起来，于是离开家开始了长途跋涉。

　　不完整的木车轮走得很慢，一路上，阳光柔和，它认识了各种美丽的花朵，并与草叶间的小虫攀谈；当然也看到了许许多多的木片，但都不太合适。

　　终于有一天，木车轮发现了一块大小形状都非常合适的木片，于是马上将自己修补得完好如初。可是欣喜若狂的轮子忽然发现，眼前的世界变了，自己跑得那么快，根本看不清花美丽的笑脸，也听不到小虫善意的鸣叫。

　　木车轮停下来想了想，又把木片留在了路边，自己走了。

　　失去了一角，却饱览了世间的美景；得到想要的圆满，步履匆匆，却错失了怡然的心境，所以有时候失也是得，得即是失。也许当生活有缺陷时，我们才会深刻地感悟到生活的真实，这时候，失落反而成全了完整。

　　从上面故事中我们不难发现，尽善尽美未必是幸福生活的终点站，有时反而会成为快乐的终结者。得与失的界限，你又如何准确地划定呢？当你因为有所缺失而执着追求完美时，也许会适得其反，在强烈的得失心的笼罩下失去头上那一片晴朗的天空。

　　可见，得与失的界限，你永远也无法准确定位，自认为得到很多，也可能会失去很多。所以，与其把生命置于贪婪的悬崖峭壁边，不如随性一些，洒脱一些，不患得患失，做到宠辱不惊，保持一份难得的理智。

　　坦然地面对所有，享受人生的一切，世事无绝对，得到未必幸福，失去也不一定痛苦。所以，我们要沉住气，学会在远处欣赏人生的美景，领悟在遗憾中的美丽。

粗茶淡饭有真味，明窗净几是安居

面对生活，我们的内心会发出微弱的呼唤，躲开外在的嘈杂喧闹，静静聆听并听从它，你就能做出正确的选择，否则，你将在匆忙喧闹的生活中迷失，找不到真正的自我。

过高的期望并不能真正地给你带来快乐，那些生活中的纷纷扰扰一直在左右着你的生活：拥有宽敞豪华的寓所，完美的婚姻；让孩子享受最好的教育，成为最有出息的人；努力工作以争取更高的社会地位；能买高档商品，穿名贵的皮革；要跟上流行的大潮，永不落伍……

要想过一种简单的生活，改变这些过高期望是很重要的。富裕奢华的生活需要付出巨大的代价，而且并不能相应地给人带来幸福。如果我们降低对物质的需求，你会感到粗茶淡饭有真味，明窗净几是安居。改变这种奢华的生活目标，过简约的生活，我们将节省更多的时间充实自己。轻闲的生活将让人更加自信果敢，珍视人与人之间的情感，提高生活质量。幸福、快乐、轻松是简单生活追求的目标。这样的生活更能让人认识到生命的真谛。

生活需要简单来沉淀。跳出忙碌的圈子，丢掉过高的期望，走进自己的内心，认真地体验生活、享受生活，你会发现生活原本就是简单而富有乐趣的。简单生活不是忙碌的生活，也不是贫乏的生活，它只是一种不让自己迷失的方法，你可以因此抛弃那些纷繁而无意义的生活，全身心地投入你的生活，体验生命的激情和至高境界。

一位专栏作家这样描述过一个美国普通上班族的一天：

　　7点铃声响起，开始起床忙碌：洗澡，穿职业套装——有些是西装、裙装，另一些是大套服，医务人员穿白色的，建筑工人穿牛仔和法兰绒T恤；吃早餐（如果有时间的话）；抓起水杯和工作包（或者餐盒），跳进汽车，接受每天被称为高峰时间的惩罚。

　　从上午9点到下午5点工作……装得忙忙碌碌，掩饰错误，微笑着接受不现实的最后期限。当重组或裁员的斧子（或者直接炒鱿鱼）落在别人头上时，自己长长地松了一口气。扛起额外增加的工作，不断看表，思想上和你内心的良知做斗争，行动上却和你的老板保持一致。再次微笑。

　　下午5点整，坐进车里，行驶在回家的高速公路上。与配偶、孩子或室友友好相处。吃饭，看电视。

　　8小时天赐的大脑空白。

　　文章中描写那种机械无趣的生活离我们并不遥远。许多人也每天都在一片大脑空白中忙碌着，置身于一件件做不完的琐事和看不到尽头的杂念中，整天忙忙碌碌，丝毫体验不到生活的乐趣，这个时候，我们就需要抛开一切，让自己闲一段，这样，你就会重新找到生活的意义和乐趣。

　　什么事情也不做，可以从每天抽出一小时开始。一个人静静地待着，什么也不做，当然前提是，你要找一个清静的地方，否则如果是有熟人经过，你们一定会像往常那样漫无边际地聊起来。也许刚开始的时候，你会觉得心慌意乱，因为还有那么多事情等着你去干，你会想如果是工作的话，早就把明天的计划拟定好了，这样干坐着，分明就是在浪费时间。如果你把这些念头从大脑中赶走，坚持下去，渐渐你就会发现整个人都轻松多了，这一个小时的清闲让你感觉很舒服，干起活来也不再像以前那样手忙脚乱，你可以很从容地去处理各种事务，不再有逼迫感。你可以逐渐延长空闲的时间，4 小时、半天甚至一天。

　　抛开一切事情，什么也不干，一旦养成了习惯，你的生活将得到很大改善。

第九章

沉住气，世界就是你的

　　当你胸怀大志、有深远高明的见识时，当你计谋、策略高人一筹时，就应该踏踏实实地做好每一件事，让你的抱负、才干得到体现。那些投机取巧、三心二意之人，看似精明，就算曾经风光一时，却由于缺乏脚踏实地的务实态度和坚定不移的执着精神，而难以有所建树，充其量，他们只能是小打小闹的投机者，而难以成为集大成的大功业者。

命运不被别人掌握，而在自己脚下

　　脚踏实地才能成就未来。成功所需要的一切条件都需要靠务实努力来获取：大量有用的知识要靠扎扎实实的学习来获得；克服困难的力量要靠一点一滴的艰苦努力来积淀；同事的协作和上司的支持要靠诚信的品质和实实在在的能力来赢取；转瞬即逝的机遇要靠脚踏实地的艰苦付出来把握。因此，无论是完成一项任务，做好一项工作，还是成就一番事业，都必须在实际工作中形成行大于言的务实作风，不尚空谈，不崇清议，不好高骛远，认认真真地工作，踏踏实实地行动。

有一次，大哲学家柏拉图和他的弟子一起赶路。这名学生是柏拉图的得意弟子之一。而且这名弟子也很有理想，一直希望自己能够成为像老师一样伟大，甚至比老师还要博学的哲学家。柏拉图也相信这名学生能够做出一番大事业，但作为老师，柏拉图也知道自己的学生有一个缺点：只看到大目标而不顾脚下道路的坎坷。因此，他也一直想找一个合适的机会让学生意识到这一点。

这一天，柏拉图和这名学生外出散步，看到他们前面的不远处有一个很大的土坑，这个土坑周围还有一些杂草，平常人们只要稍加注意就可以绕过这个土坑，但柏拉图知道他的学生在赶路时经常不注意脚下。于是，他指着远处的一个路标对学生说："这就是我们今天行走的目标，我们两个人今天进行一次行走比赛如何？"学生欣然答应，然后他们就出发了。

学生正值青春年少，他步履轻盈，很快就走到了老师的前面，柏拉图则在后面不紧不慢地跟着。柏拉图看到，学生已经离那个土坑近在咫尺了，他提醒学生"注意脚下的路"，而学生却笑嘻嘻地说："老师，我想您应该提高您的速度了，您难道没看到我比您更接近那个目标了吗？"他的话音刚落，柏拉图就听到了一个声音"啊！"——学生已经掉进了土坑里，这个土坑虽然不至于让人受重伤，但是它却足以使掉下去的人无法独自上来。

学生现在只能在土坑里等着老师过来帮他了，柏拉图走过来了，他并没有急着拉学生，而是意味深长地说："你现在还能看到前面的路标吗？根据你的判断，你说现在我们谁能更快地到达目的地呢？"

聪明的学生已经完全领会了老师的意思，他满脸羞愧地说："我只顾着远处的目标，却没走好脚下的每一步路，看来我还是不如老师呀！"

一心想着宏伟的目标，而不懂得通过具体的行动将之付诸实施，和故事中这名只知道看着远方，而不懂得留心脚下的学生非常相似。好高骛远会导致盲目行事，脚踏实地则更容易成就未来。年轻人往往充满梦想，这是件好事情。同时还要明白的一点是，梦想只有在脚踏实地的工作中才能得以实现。

据说在久远的古代，古老的阿拉比国坐落在大漠的深处，多年的风沙肆虐使城堡变得满目疮痍。于是有一天，国王对4个儿子说，他打算将国都迁往据说美丽而富饶的卡伦。

人们只知道卡伦距这里很远很远，但没有人知道究竟有多远。据说要翻越许多崇山峻岭，要穿过草地、沼泽，还要涉过很多的河流，国王决定让4个儿子分头前去探路。

大儿子乘车走了7天，翻过了3座大山，来到了一个一望无际的大草原。他问了一个当地人，得知过了草地还要过沼泽，还要过大河、雪山……便调转马车回去了。

二儿子策马起程，当他穿过这片沼泽后被那条宽阔的大河挡了回来。

三王子漂过了大河却又被一片辽阔的大漠挡了回来。

一个月过去了，3个王子陆续回到了国王这里，将各自沿途所见讲给国王听，并再三强调他们路上问过了许多人，都告诉他们去卡伦的路很远很远。

又过了5天，小王子风尘仆仆地回来了，他兴奋地告诉父亲：

去卡伦的路只要18天的路程。

听了小王子的回答，国王满意地笑了："孩子，你说得对，其实我早就去过卡伦了。"

那3个王子不解地问国王——"那为什么还要派我们去探路呢？"

国王郑重地说："那是因为我想告诉你们4个字——脚比路长。"

脚比路长，学会"用脚做梦"才能够梦想成真。诗人汪国真说过一句话，"没有比脚更长的路，没有比人更高的山"。脚比路长，许多人都有过梦想，却始终无法实现，最后只剩下牢骚和抱怨，其原因就在于没有脚踏实地去行动。

脚踏实地的耕耘者能够在平凡的工作中抓住机遇，而那些只会把眼光盯在高处，不愿意踏实工作的人只能在等待机遇的焦急中度过黯淡无光的一生。著名企业家李嘉诚说："不脚踏实地的人，是一定要当心的。假如一个年轻人不脚踏实地，我们使用他就会非常小心。你造一座大厦，如果地基不好，上面再牢固，也是要倒塌的。"

空谈误事又误己，脚踏实地才是真

在现实生活中，一些看似踌躇满志的人，常常会把"我将来能够怎么样""假如是我，我会做到怎么怎么样"这样的话语挂在嘴边，夸夸其谈的时候，能从天南侃到海北，即使说大话的时候，也能够热血沸腾、设想连篇，却始终未能干成几件事情。所以，脚踏实地，少谈空话，多干实事才是成功的必要条件，夸夸其谈则一事无成。

下面的一则寓言，为那些空谈的人敲响了警钟。

有一个农夫，家里值钱的东西只有两样：一头会干活儿的牛和一只会说话的鹦鹉。

有一次，牛从地里干活归来，一进院便躺在地上休息。看着它累得汗流浃背、气喘吁吁的样子，鹦鹉非常感慨，说："老牛呀，即便你辛勤劳作、吃苦受累，别人还是会抱怨你牛脾气，干活慢。可是我被主人养着，不仅不需要干活儿，还常常被人们表扬，说我可爱，会学舌。你看，你是不是比我笨多了？"

老牛说："我知道自己不如别人聪明，可是我相信主人是聪明的。靠空谈和漂亮话来取宠是没办法长久的。"

听了老牛的话，鹦鹉不以为然。

一天夜里，有一伙强盗闯入了农夫的家里，他们抓住农夫，强迫他交出一件值钱的东西，否则就要了他的命。鹦鹉心想：农夫最喜欢我了，所以肯定会把我留下来的。

让人意外的是，农夫留下了老牛，把鹦鹉交给了强盗。

鹦鹉觉得不服，质问农夫为什么要这么做，农夫说："没有你鹦鹉的话，我只是少听一些漂亮话而已，并没有什么大不了的。但是，如果没有牛来耕田的话，我就会挨饿。这是最简单的道理。"

我们经常会在现实生活中遇到一些言语上夸夸其谈，做起事情来却稀里糊涂、一事无成的人。也许，在言语上他们会给人很深刻的印象，但是，只有脚踏实地、多干实事才是成功的必要因素。

在不得不面对现实、需要干实事的时候，许多人内心的激情和理想都会变成无可奈何，一旦面对具体问题，平素的高谈阔论也会变成不知所措。一味设想而不去落实的空谈，只会成为华而不实的空中楼阁，再完美的战略、再滴水不漏的计划、再绝妙的招数亦是于事无补。

肯干实事、落到实处才是成就一件事情的关键，只谈空话、只喊口号是行不通的。在任何事情上，都要正确处理"空谈"和"落实"的辩证关系，做到脚踏实地、言行一致、说到做到，这样才能够成功。这并不是说不需要口号和宣传，必要的口号和宣传能够对成功起到辅助作用，但我们不能仅仅局限于喊口号、做宣传，更重要的在于脚踏实地抓好落实。这就需要我们投入更多的时间、精力和智慧，去思考、研究那些能够切合工作实际的好办法、好计策。只有踏实肯干，真正落实了计划的各个环节，肯下苦功和硬功，才能够达成目标。

曾经有一个轰动事件，一家园艺所愿意以高额的奖金征求纯白色金盏花，丰厚的奖赏令许多人跃跃欲试。但是，在自然界中，只存在金色或者棕色的金盏花，培植出白色的花朵并非一件容易的事情。所以，在引起了广泛的社会关注后，这则启事就渐渐被人们淡忘了。

时光飞逝。20年后的一天，那家园艺所收到了一粒纯白金盏花的种子，随之而来的还有一封热情的应征信。当天，这件事情就迅速地传来了，又一次引起了巨大的轰动。

种子的培育者是一个古稀之年的老人，20年前，她偶然看到园艺所的征求启事，便心动了。作为一个地地道道的爱花人，不管8个儿女怎么反对，她都不顾一切地坚持下来。

她撒下一些普通的种子，精心地侍弄了一年，金盏花开放之后，她把颜色最淡的花朵从那些金色、棕色的金盏花中挑选出来，等到其自然枯萎后，就得到了这批里面最好的种子，第二年的时候重又种下去。如此往复，不断从这些花中挑选出颜色更淡的花的种子进行培育……

随着时间的流逝，经年累月之后，终于，20 年后的一天，她在花园中看到了梦寐以求的白色金盏花，它并非近乎白色，也非类似白色，而是如雪的纯白。这个连专家都无法解决的问题，在一个没有接受过遗传学教育的老人的长期努力和恒久坚持下，最终解决了。

如今的社会，有很多人都满腔热情、胸怀理想和抱负，可是成功往往都是从点滴积累开始，并不取决于你的设想和空谈，如果不能脚踏实地、埋头苦干做好眼前的事情，目标只会离你越来越远。

踌躇满志、胸怀远大固然是值得称赞的，但这并不等同于沉迷虚无的幻想，并为此脱离了实际、一味追求理想化的目标。仅仅怀有远大的目标是不足以成功的，在实际的生活中，我们需要脚踏实地、量力而行、埋头苦干，同时也要根据实际情况来调整自己的状态，才能够逐渐靠近成功的彼岸。

生活中，获得成功的人往往不是那些夸夸其谈的人，也不是满腹空想、终日幻想的人，而是真正能够脚踏实地去把设想变成实践的人。纸上谈兵永远只是空话，是无法达到目标的，深陷于虚无的幻想中是没有前途的。专注于当前的职业和工作，一步一个脚印地埋头苦干，把这些工作尽可能做到细致完美，才能够获得培育成功之花的土壤，真正地从寻常迈向非常。

一生只做一件事

天下的麻雀是捉不尽的，一只手也抓不住两只鳖。自古以来，人不能在同一时间内，既能抬头望天又可以俯首看地。所以说，不能专心便一事无成。

爱默生是一位谦虚的作家，可是他在晚年时反思自己一生的成就时却说："让我步入失败深渊的人不是别人，是我自己。我一生中最大的敌人不是别人，是我自己。我是给自己制造不幸的建筑师，我一生希望自己成就的事业太多了，以至于一事无成。"以爱默生的成就，他还这样反省自己，认为自己一事无成，足见他是多么的谦虚。不过我们能从他说的话中得到一个启示：做事必须将所有精力投入一点上，三心二意，只能一事无成。正如俗话说："你要想把天下的麻雀捉尽，结果会一只也捉不到。"

黄石公说："最悲哀的情形，莫过于心神离散；最大的病态，莫过于反复无常。"我们应懂得，不是焦点的聚光，是不能起到燃烧作用的。

昆虫学家法布尔为了观察昆虫的习性，常常废寝忘食。有一天，他大清早就趴在一块石头旁。几个村妇早晨去摘葡萄时看见法布尔，到黄昏收工，仍然看到他趴在那儿，她们实在不明白："他花一天工夫，怎么就只看着一块石头，简直中了邪！"其实，为了观察昆虫的习性，法布尔不知花去了多少个这样的日日夜夜。

有一次，一个青年苦恼地对法布尔说："我不知疲劳地把自己的全部精力都花在那些我爱好的事业上，结果却收效甚微。这是怎么回事?"

法布尔赞许地说:"看来你是位献身科学的有志青年。"

这位青年说:"是啊!我爱科学,可我也爱文学,对音乐和美术我也感兴趣。我把时间全都用上了。"

法布尔从口袋里掏出一块放大镜说:"把你的精力集中到一个焦点上试试,就像这块凸透镜一样。"

欲成就大事的人,往往会专注于所从事的事情,紧紧抓住事情的关键,攻其难点和重点,实现质的飞跃,成就一番事业。

在专一的用心面前,智慧的大脑、优势的体格节节败退。我们不能因为从事别的事情而分散了我们的精力。中国古代的铸剑师为了铸成一把好剑,必须在深山中潜心打造十几年。有道是"十年磨一剑",专注能够保证工作效率得到最大的发挥,为了专心做好一件事,必须远离那些使你分散注意力的事情,集中精力选准主攻目标,专心致志地去做好你要做的事,这样才可能取得成功。

一个人的精力和时间都是有限的,不可能成为无所不知、无所不能的超人。如果大多数人集中精力专注于一件事情,他们都能把这件事情做得很好。当你的内在心灵将焦点集中在特定目标上,你会不由自主地朝此目标前进,然后以比较宽容的想法去看待其他事情。你沉下心来,专注地做好一件事情,成功会离你越来越近。

认清自己，成就自己

　　人生的诀窍就是经营自己的长处，这是因为经营自己的长处能给你的人生增值，经营自己的短处会使你的人生贬值。正如富兰克林所说："宝贝放错了地方便是废物。"一个人竭尽全力去做一件事而没有成功，并不意味着他做任何事情都无法成功。因为他可能选择了不合天性的职业，这就注定难以出人头地。

　　其实中国历史中就有些人是放错了位置的，如南唐后主李煜，精书法，善绘画，通音律，诗和文均有一定造诣，被称为"千古词帝"，可是李后主绝不是一个好皇帝。而像是李煜翻版的宋徽宗是一个了不起的书法家，也是一个画家，他写过"孔雀登高，必先举左腿"等有关绘画的理论文章，对中国的美术有相当大的贡献，但是他也不是一个好皇帝，他因为大举"花石纲"而涂炭生灵，造成了"靖康之耻"。"端王轻佻，不可君天下。"很显然，宋徽宗被放在了错误的位置。

　　一个人成功与否，有两个关键：一个是管理自己的能力，另一个就是了解自己的程度。通过对自己经历的回顾可以发现和准确判断自己的兴趣所在。在此基础上，将自己的兴趣与相应的职业对比，可以帮助你选择适合自己兴趣的职业。

　　爱因斯坦在20世纪50年代收到一封信，信中邀请他去当以色列的总统。出乎人们意料的是，爱因斯坦竟然拒绝了。他说："我整个一生都在同客观物质打交道，因而既缺乏天生的才智，也缺乏经验来处理行政事务及公正地对待别人的能力，所以，本人不适合如此高官重任。"

爱因斯坦非常了解自己，他早已确定了自己的位置，于是，无论怎样的高官厚禄都无法迷惑他的眼睛，事实上，也只有做科学家才适合他。

把生活中最感兴趣的事作为职业，这便是把兴趣发挥到了极致，正如罗素所说，他的人生目标就是使"我之所爱为我天职"。大凡成功者，他们成功的关键都是掌握了自身的优势，并加倍强化这种优势，完全投入自己所喜欢的项目之中。

要选择好工作，首先要问问你自己的兴趣所在。我喜欢做什么？我最擅长什么？一份自己热爱的工作可以激发工作的积极性，即使再辛苦、再烦琐，也阻挠不了我们前进的脚步。这样的工作更像是一种享受。

爱迪生就是一个好例子。这个未曾进过学校的报童，后来却使美国的工业革命完全改观。爱迪生几乎每天在他的实验室辛苦工作18个小时，在里面吃饭、睡觉，但他丝毫不以为苦。他宣称："我每天其乐无穷。"难怪他会取得这么大的成就，每个从事着他自己所无限热爱的工作的人，都易成大事。而事实上，很多人都很难一下弄清楚自己到底对什么最感兴趣或者是擅长什么，这就需要你在实践中不断发现自己、认识自己，这个过程也许曲折，放弃也许困难，但为了一生的天职，我们也要拼一拼。

美国作家马克·吐温曾经经商，第一次他从事打字机的投资，因受人欺骗，赔进去19万美元；第二次办出版公司，因为是外行，不懂经营，又赔了10万美元。两次共赔将近30万美元，不仅把自己多年心血换来的稿费赔个精光，而且还欠了一屁股债。

马克·吐温的妻子奥莉姬深知丈夫没有经商的才能，却有文学上的天赋，便帮助他鼓起勇气，重新走创作之路。终于，马克·吐温很快摆脱了失败的痛苦，在文学创作上取得了辉煌的成就。

人生像是一盘棋，你要知道自己的角色和位置，你到底是车、是马、是兵还是炮，不同的身份有不同的路线，你若不认清自己的位置，一味地乱走，那人生这盘棋，你就很容易败北。事实上，只有最适合自己的才是自己的"正业"，我们可能一直在为了找到自己的"正业"而止步、改变和再启程。

曾经有位中学生向世界首富比尔·盖茨请教成功的秘诀，盖茨说："做你所爱，爱你所做。"因此，在选择职业时，不要心急地只关心薪水和名望，而应该看这个工作是否是自己最感兴趣且可以充分地发挥自己的潜能的，要选择那些能使你雄心勃勃，能让你感到幸福的职业。

勇于突破"我不能"的自我限制

想要成功，首先要有敢于成功的念头，这种念头要像溺水者想要求生那么强烈。失败者有失败的心态，成功者有成功的心态。不同的思想会影响到人的决心和行为。因此，每个渴望成功的人都要拥有绝对的信心。对于追求者而言，拥有了自信，便已成功了一半。

沉住气首先指的是对自己和自己所做的事情有信心，一个对自己所做的事情没有信心的人是沉不住气的。只有坚定不移地相信自己能够成功的人，才会有足够的耐心沉住气埋头去干。

一位年轻人去一家广告公司应聘文案策划工作。老板问他："你以前做过这类工作吗？"

年轻人说："没有，但我有信心做好。"

"既然你没做过，信心何来？"

"以前我也是搞文化工作的，跟文案策划类似。这样吧，如果我干得不能让您满意，我一分钱不要就卷铺盖走人。"

老板同意了，并交给他一项文案创意的任务。他不敢掉以轻心，先借来公司以前的成功个案细细揣摩，直到心里有底了才着手工作。他一边揣摩老板的意图，一边调动所有的灵感细胞，精心制作，觉得无懈可击了才交给老板。结果老板只改动了几个字就通过了，同时又交给他一个更加复杂的广告文案创意任务。因为有了初次成功的鼓舞，他不像第一次接任务那样拘谨了，思路活跃起来，而且也更加自信。他没有局限于老板的口味，完全依照自己的感觉创作。

当他把作品交给老板时，老板仔细看了一遍，半天没吭声。突然，老板吁了一口气，说："你是这方面的天才，好好干吧！"

拥有自信，并不是鼓吹"人有多大胆，地有多大产"，而是相信事情并非毫无可能，成功并非毫无希望。若我们能够带着激情与梦想，寻找方法，然后对症下药，便能很好地解决遇到的问题。拥有自信，肯踏踏实实地努力，这世上便没有什么不可以尝试的东西，成功当然也不会冷漠地拒绝你。

人最大的敌人是自己，人在工作上遇到的最大问题是缺乏自信。缺乏自信的现象包括"告诉自己做不到""怀疑自己无法获得成功""对自己的现状不满意""担心自己会失败""觉得自己没有目标和安全感"，这一切都会影响人行动，让人缺乏应有的活力，从而限制了潜能最大程度地发挥。

一个人的积极行动，包括最终的成功，总是跟他的自信心紧密相关的。怀着必胜的心，我们才能担负起责任，勇敢地面对一切艰难险阻。只要怀有必胜的信念，哪怕是一个平凡的人，也会成就惊人的事业。

2001年5月20日，美国一位名叫乔治·赫伯特的推销员成功地把一把斧子推销给小布什总统。他所在的布鲁金斯学会得知这一消息，把刻有"最伟大推销员"的一只金靴子赠予他。这是自1975年以来，该学会一名学员成功地把一台微型录音机卖给尼克松后，又一学员跨过如此高的门槛。

布鲁金斯学会以培养世界上最杰出的推销员闻名于世。它有一个传统，在每期学员毕业时，设计一道最能体现推销员能力的实习题，让学员去完成。克林顿当政期间，他们出了这么一道题目：把一条三角裤推销给现任总统。8年间，有无数个学员为此绞尽脑汁，可是，最后都无功而返。克林顿卸任后，布鲁金斯学会把题目换成：请把一把斧子推销给小布什总统。

鉴于前八年的失败，许多学员放弃了争夺金靴子奖，个别学员甚至认为，这道毕业实习题会和克林顿当政期间一样毫无结果，因为现在的总统什么都不缺，再说即使缺少，也用不着他们亲自购买。

然而，乔治·赫伯特做到了，并且没有花多少工夫。一位记者采访他时，他说："我认为，把一把斧子推销给小布什总统是完全可能的，因为布什总统在得克萨斯州有一个农场，里面长着许多树。

于是我给他写了一封信，说：有一次，我有幸参观您的农场，发现里面长着许多大树，有些已经死掉，木质已变得松软。我想，您一定需要一把小斧头，但是从您现在的体质来看，这种小斧头显然太轻，因此，您仍然需要一把不甚锋利的老斧头。现在我这儿正好有一把这样的斧头，很适合砍伐枯树。假如您有兴趣的话，请按这封信所留的信箱，给予回复……最后他就给我汇来了15美元。"

乔治·赫伯特成功后，布鲁金斯学会在表彰他的时候说，金靴子奖已空置了26年。

在哥伦布成功之前，谁也不相信大洋彼岸还有一片绿洲；在乔治·赫伯特成功之前，谁也不相信他能将一把斧头卖给总统。有些人之所以不能成功，是因为他们在尝试之前就给自己预设了一种可能：这件事情绝不可能成功！就这样，失败的念头抢占了他们脑海中的高地，堵塞了努力的道路。而满怀信心的人永远相信，想要追求梦想，首先要做一个敢于做梦的人。在追求的路上，要记得将必胜的信念放进随身的行囊。

信念代表着一个人的精神状态和把握任务的热情，以及对自己能力的正确认知。只有怀着必胜的信念，我们才能沉住气，充满热情，干劲十足，无所畏惧地勇往直前。或许你现在的生活碰到了一些小麻烦、小挫折，但这些都将成为你走向成功的垫脚石、助推器。决心就是力量，自信就是成功，若拥有必胜的信念，你将永远比别人更容易走向成功。

重视手边清楚的现在

常常会有这样的时候，我们深陷在对昨天伤心往事的懊悔中，期待明天会有不一样的艳阳高照，却独独忽视了今天的存在。很多时候，我们自己亲手种下一道心灵的魔咒，让岁月在蹉跎中逝去，却只为自己留下满目的疮痍。

苏格拉底说："最有希望的成功者，并不是才华最出众的，而是那些善于利用每一个时机去发掘开拓的人。"与其计较昨日或等待明天，不如珍惜现在，沉住气，踏踏实实做好手边每一件事。

1871年春天，蒙特瑞综合医院的一个医学学生偶然拿起一本书，看到了书上的一句话，就是这句话，改变了这个年轻人的一生。它使这个原来只知道担心自己的期末考试成绩、自己将来的生活何去何从的年轻医学院学生，最后成为他那一代最有名的医学家。他创建了举世闻名的约翰·霍普金斯学院，被聘为牛津大学医学院的钦定讲座教授，还被英国国王册封为爵士。死后，他的一生用厚达1466页的两大卷书才记述完。

他就是威廉·奥斯勒爵士，而那句改变他一生的话就是他在1871年看到的由汤冯士·卡莱里所写的那句："人的一生最重要的不是期望模糊的未来，而是重视手边清楚的现在。"

42年之后，在一个郁金香盛开的温暖的春夜，威廉·奥斯勒爵士在耶鲁大学作了一场演讲。他告诉那些大学生，在别人眼里，当过4年大学教授，写过一本畅销书的他，拥有的应该是"一个特殊的头脑"，可是，他的好朋友们都知道，他其实也是个普通人，他所取得的一切，只是因为他注重了今天。

人的一生中，总是会被许多过去或未来的人或事分散精力，然而，不论是在过去的废墟里搜寻再多的回忆，还是在未来的梦中播下再多的种子，也不会有丰收的喜悦。只有在今天的田野上播种，才会有收获的希望，因为只有现在属于我们，只有现在会带给我们一切。我们不知道自己的生命到底有多长，但我们却可以安排当下的生活。只要把握好现在，我们的人生就一定不会失色。卓根·朱达是哥本哈根大学的学生，他就是这样做的。

有一年暑假，卓根去当导游。由于他周道地为顾客做了许多额外的服务，因此，几个芝加哥来的游客就邀请他去美国观光，旅行路线包括在前往芝加哥的途中，到华盛顿特区做一天的游览。卓根抵达华盛顿以后就住进威乐饭店，他在那里的账单已经预付过了。这可真是乐不可支，外套口袋里放着飞往芝加哥的机票，裤袋里则装着护照和钱。

后来这个青年突然遇到晴天霹雳。当他准备就寝时，才发现皮夹不翼而飞，于是他立刻跑到柜台那里。"我们会尽量想办法。"经理说。第二天早上，仍然找不到，卓根的零用钱连两块钱都不到。自己孤零零一个人待在异国他乡应该怎么办呢？打电报给芝加哥的朋友向他们求援？还是到丹麦大使馆去报告遗失护照？还是坐在警察局里干等？他突然对自己说："不行，这些事我一件也不能做。我要好好看看华盛顿。说不定我以后没有机会再来，但是现在仍有宝贵的一天待在这个城市里。好在今天晚上还有机票到芝加哥去，一定有时间解决护照和钱的问题。我跟以前的我还是同一个人，那时我很快乐，现在也应该快乐呀。我不能白白浪费时间，现在正是享受的好时候。"

于是他立刻动身，徒步参观了白宫和国会山，并且参观了几座大博物馆，还爬到华盛顿纪念馆的顶端。他去不成原先想去的阿灵顿和许多别的地方，但他能看到的，他都看得更仔细。他买了花生和糖果，一点一点地吃，以免挨饿。等他回到丹麦以后，这趟美国之旅最使他怀念的就是在华盛顿漫步的那一天。

卓根没有让那美好的一天白白溜走，因为他知道"现在"就是最好的时候，在"现在"还没有变成"昨天我本来可以……"之前就把它抓住。

有两位哲人游说于穷乡僻壤之中，对前来听教的人说了一句流传千古的话："不要为明天的事烦恼，明天自有明天的事。只要全力以赴地过好今天就行了。"在这个世界上，有许多事情是我们所难以预料的。你左右不了变化无常的天气，却可以调整自己的心情；我们不能控制机遇，却可以掌握自己；我们无法预知未来，却可以把握现在。

时间并不能像金钱一样让我们随意储存起来，以备不时之需。我们所能使用的只有被给予的那一瞬间——现在。对于我们每个人来讲，得以生存的只有现在——过去早已逝去，而未来尚未来临。昨天，是张作废的支票；明天，是尚未兑现的期票；只有今天，才是现金，具有流通的价值。所以，不要老是惦记明天的事，也不要总是懊悔昨天发生的事，沉住气，把你的精神集中在今天。

沉住气，方法总比问题多

想办法是解决困难的唯一办法，而且，只要努力寻找，就势必会有办法。很多时候，那些能力优秀的人总能够找到适当的解决问题的办法，而那些表现恶劣的人通常只是头痛困扰、推卸责任，四处寻觅能够勉强站住脚的推诿理由。由此可见，问题总是能解决的，关键是我们面对困难时持何种态度。

成功的内涵不在于如何去做，真正决定一切的是你如何去想。

一个人会做出什么样的行动，取决于这个人在想什么，这就是所谓的"思维决定行动"。

能够成为一个团队或者企业的坚实力量的人，必然是一个善于发掘、勤于思索的人，只有这样的人，才能够找到做好一件工作的最佳途径。

美国总统罗斯福说过："找办法是解决困难的唯一办法，而且，只要努力寻找，就肯定会有办法。"他 8 岁的时候，牙齿暴露在外又不齐整，经常成为别人的笑料，这使他在人际交往中畏畏缩缩，内向自闭。在课堂上，每当老师向他提问，他总是怯怯地、有些颤抖地站在那里，从牙缝里吐出一些无人能够听懂的、模糊不清的答案，只有老师让他坐下的时候，他才如遇大赦般松一口气。

相反的是，罗斯福从没有因此认为自己是可怜的，也未曾自暴自弃，他坚信，能够拯救自己的始终只有自己，不以这些缺陷作为逃避的借口，也不会自怨自艾，因为借口只会让自己变得疏松懈怠，只有直面缺陷才能够坚持奋斗。他尝试着去努力改正自己的缺陷，无法改正的地方就反其道而行之，从另一角度来加以利用。渐渐地，他学会在演说中巧妙地使自己沙哑的声音和暴露于外的牙齿成为自己获得成功不可或缺的条件，而不是导致失败的缺陷。在他的努力下，他后来就任了美国总统，并深受人民爱戴。

就如同罗斯福的人生一样，每个人都或多或少地会遇到一些障碍和曲折，我们不应该望而生畏，反而要勇敢地去面对，积极地去寻求解决的办法，努力克服这些前进中的阻碍。

在生活中，如果想尽力做到优秀出色，不循旧路、创新思维是必须的，只有这样才能够避免被灰尘蒙蔽。对待工作中可能遇到的问题时，要竭尽全力地去尝试任何可能的解决办法。

传说中，在法国一个偏僻的小镇里有一眼十分灵验的水泉，经常会出现各种奇迹，能够使任何疾病痊愈。有一天，一个少了一条腿的退伍军人挂着拐杖，一瘸一拐地走过镇上的马路。镇民们同情地看着他，说："可怜的人啊，难道他是想向上帝祈求能有一双健全的腿吗？"退伍军人听到了这句话，转身对镇民们说："不，我并不想向上帝祈求有一条新腿，而是希望上帝能够告诉我，帮助我，解答我的疑惑，让我知道怎样在没有一条腿之后生活。"这个故事经常被爱达斯石油公司的总裁用来教育自己的员工，他觉得只有那些在缺失了一条腿之后，还能有用积极的心态争取把路走好的员工才会成为公司的脊梁，困难对于这些人来说并不是不可攻克的敌人，因为他们"总有克服困难的办法"。

有一位就职于美国某石油公司的青年，他每天的任务就是巡视和确认石油罐盖有没有被自动焊接好。一般的焊接技术通常都是将石油罐放在输送带上，当移动到旋转台的时候，焊接剂会自动滴下来，沿着盖子回转一周，但是，这种技术需要耗费很多焊接剂，尽管公司一直尝试改造，却因其太过困难而作罢。这位青年没有灰心泄气，他并不认为无法找到解决的途径，于是，他每天工作的时候都观察罐子的旋转，并努力思考改进的方法。

通过细致的观察，他发现，每次的焊接工作都需要滴落 39 滴焊接剂。这个发现忽然激发了他的一个设想：如果能够减少焊接剂的滴数，是否就能够节省一些消耗呢？于是，他开始在这个切入点上进行研究，终于研制出了 37 滴型焊接机，但这种焊接机所焊接的石油罐会偶尔漏油。这个结果没有使他灰心气馁，他很快又投身于新的解决办法的探求中，最后，成功地研制出了 38 滴型焊接机，取得了相当完美的结果。由此，公司对他评价很高，迅速将这种机器投入生产，采用了新的焊接方式。在很多人看来，也许节省一滴焊接剂并不是什么不得了的事情，可正是这样的"一滴"，每年都给公司带来了 5 亿美元的新利润。这位青年，就是后来的石油大王约翰·戴维森·洛克菲勒，他掌握了全美 95% 的制油业实权。

现代心理学的研究表明，在通常情况下，大多数人的智力都处于半开发的状态，而在兴奋或者激动的状态下才会有一些出乎意料的智力表现。因此，我们的潜在能力是否能被激发，取决于我们在面对困难、阻碍时是否能够积极思考对策的态度。面对阻碍时，成功的人会沉住气，不急不躁，努力营造出动脑思考、寻求办法的积极氛围，而失败的人，往往败在自己没有付出努力寻求出路。

第十章

沉住气，才能做情绪的主人

　　卓越的成功者过得充实、自信、快乐，平庸的失败者过得空虚、窘迫、颓废。善于控制自己的情绪的人，能在绝望的时候看到希望，能在黑暗的时候看到光明，所以他们心中永远拥有积极向上、不断奋斗的动力；而失败者并不是真的像他们所抱怨的那样缺少机会，或者是资历浅薄，甚至是上天不公。其实，他们之所以失败，就是因为他们没有很好地掌控自己的情绪。

舒解情绪，防止乐极生悲

　　突然的狂喜，很可能导致"气缓"，即心气涣散，血运无力而淤滞，便出现心悸、心痛、失眠、健忘等一类病症。成语"得意忘形"，即说明由于大喜而神不藏，不能控制形体活动。清代医学家喻昌写的《寓意草》里记载了这样一个案例："昔有新贵人，马上扬扬得意，未及回寓，一笑而逝。"《岳飞传》中牛皋因打败了金兀术，兴奋过度，大笑三声，气不得续，当即倒地身亡。2006年中秋佳节，64岁的梁伯因为几个外出工作的儿女都回家欢庆中秋，喜庆之余几杯酒落肚，到晚上 11 时许，他突然出现心前区痛、大汗淋漓，急送市中医院内科抢救治疗。诊断为急性心肌梗塞并心律失常、心力衰竭。此时，梁伯已四肢冰冷，呼吸困难，全身重度发绀，处于心源性休克。医生及时制订了严密的救治方案，经过一系列积极抢救，梁伯的病情才逐渐稳定下来。

但医生、护士还来不及擦干脸上的汗水，听到有人急呼："医生救命！"随即看见，有一位姓江的病人因急症送进内科来了。原来，江亚婆家也是儿孙欢聚一堂，但素有高血压、心肌病的江亚婆，面对这喜庆情景一时难以自持，以致引发心脏病、心力衰竭。入院时心率仅 30 ~ 40 次 / 分，四肢冰冷，神志不清。内科医生沉着镇定，给予抗心律失常、提高心率、保护心肌和抗心衰的治疗，结合中药振奋心阳益气养阴，病情很快得到控制。这两个病例提醒人们，大喜、狂喜不利于健康。过度兴奋，也会把人推向绝境。而且，对于时常经受巨大压力的人来说，过度兴奋比过度悲恸离"绝境"更近！这是因为人的心理承受能力，同人的生理免疫能力有相似之处。经常出现的巨大压力，如同经常性的病菌入侵，使心理的抗御力如同人体里的白细胞那样经常处于备战与迎战的活跃状态，故心理虽受压抑但仍能保持正常生存的状态，不至于一下子崩溃。

过度兴奋则不同，对于心理经常承受巨压的人来说，与形成的被压抑的心理反差是那么的巨大，使心理状态犹如从高压舱一下子获得减压，难免引起灾难性后果。那些挣扎太久、立即要达到竞争优势终点的人，经过多年奋争、屡屡遭难而终于昏厥在领奖台上的人，那些企盼达到最终目标而变得疯癫的人，那些负重多年不得解脱而一旦获得解脱竟不能正常生活的人……都是从过度兴奋这一条道路走向绝境的。

为了防范上述悲剧的发生，防止过度兴奋，同防止过分悲恸同等重要。这就要求我们学会释放心理压力。为了释放心中的狂喜，可以借助于山川的明媚、朋友的温情乃至心灵自设的"拳击台"，有些心理承受能力较差而智慧高超的人，或者由于体质虚弱而一时无法调和心理巨变因素的人，常常使用保守的方式来应对突降的幸运所可能引发的过度兴奋，这不失为一种明智之举。

德国作家亨利·曼在他的《亨利四世》一书中写道："没有比兴奋更接近绝望的了……"这是很耐人寻味的。在成败频率出现越来越高的社会中，这样的提示颇具警示意义。

生气等于慢性自杀

现代人都知道气大伤身，而且我们的老祖宗很早就明白生气是最原始的疾病根源之一，不但浪费身体的血气能量，更是人体患各种疾病的原因所在。在《黄帝内经》灵枢篇中，就有相关记载："夫百病之所始生者，必起于燥湿寒暑风雨，阴阳喜怒，饮食起居。"

长期生气会在人的身上留下痕迹，从外表就能看出来，如一个人长期脾气火暴，经常处于发怒状态，那他多数会秃顶。头顶中线拱起形成尖顶的头形者是生气比较严重的，而额头两侧形成双尖的M字形的微秃者，也是脾气急躁的典型。

生气为什么会造成秃顶呢？中医认为，人发脾气时，气会往上冲，直冲头顶，所以会造成头顶发热，久而久之就会形成秃顶。严重的暴怒，有时会造成肝内出血，更严重的还有可能会吐血，吐出来的是肝里的血，程度轻一点的，则出血留在肝内，一段时间就形成血瘤。这些听起来虽然可怕，但千真万确。

有些人经常生闷气，这会使气在胸腹腔中形成中医所谓"横逆"的气滞。生闷气的妇女会增加患小叶增生和乳癌的概率。

还有一种人经常处于内心憋着一股窝囊气的状态，他们外表修养很好，在别人眼里从来都是好脾气的人，但心里经常处于生气或着急的状态。这容易造成十二指肠溃疡或胃溃疡，严重的会造成胃出血。这样的人，额头特别高，而且额头上方往往呈半圆形的前秃。

有些人经常感觉腹部胀痛，很多情况下以为是肠胃的原因，其实是因为其气血较差，一生气，气就会往下，从而使腹部胀痛。

中医认为，怒伤肝，肝伤了更容易生气，而生气会造成肝热，肝热又会让人很容易生气。两者会互为因果而形成恶性循环。因此，不要长期透支体力，要注意调养血气，这样才能使人的脾气变得比较平和。

身体虚弱的人，有时候一生气就会有生命危险。例如，痰多的病人，一生气就会使痰上涌，造成严重的气喘，很容易窒息死亡。

由此可见，生气会使身体出现许多问题，因此，日常生活中一定不要生气。所谓的不生气并不是把气闷住，而是修养身心，开阔心胸，在面对人生不如意时，能有更宽广的心胸包容他人的过错，根本没有生气的念头。如果生活或工作的环境让人无法不生气，那么可以考虑换个环境。

如果实在无法控制生气，那么如何在生气后将伤害降到最低呢？最简单的方法，就是生了气后，立刻按摩脚背上的太冲穴（在足背第一、二跖趾关节后方凹陷中），可以让上升的肝气往下疏泄，这时这个穴位会很痛，必须反复按摩，直到这个穴位不再疼痛为止。

或者吃些可以疏泄肝气的食物，如陈皮、山药等，也很有帮助。最简单的消气办法则是用热水泡脚，水温控制在40℃ ~ 42℃度左右，泡的时间则因人而异，最好泡到肩背出汗。

把心胸打开，想想有什么事值得你大动肝火地生气呢？生气就是用别人的过错来惩罚自己，这是多么愚蠢的行为啊！有些人因为生气而把命都丢了，如《三国演义》中的周瑜，与其说他是气死的，还不如说他是"笨"死的。因此，就算有天大的让你恼火的事，为了健康，也要以广阔的心胸去消灭心中的怒火。

思念让生命不堪重负

"红豆生南国，春来发几枝。愿君多采撷，此物最相思。"从古到今，相思困扰过多少人！然而，少有人想过这会不会是一种病。

造物主总喜欢捉弄人，使一厢情愿的事经常发生。于是，就有了相思的另一种形式——单相思。哪个少女不怀春，哪个少男不钟情？单相思一般都是正常的，但也有一些"单恋"过了头，结果变成了病态。

北宋哲宗绍圣年间，刚正不阿、直言敢谏的苏轼被贬到今惠州市的白鹤峰，他买田地数亩，盖草屋几间。白天，他在草屋旁开荒种田；晚上，就在油灯下读书或吟诗造句。

每当夜幕降临之时，便有一位妙龄女子悄悄来到苏轼窗前，偷听他吟诗作赋，常常站到夜深人静，露水打湿鞋袜。苏轼很快发现了这位不速之客，一天晚上，正当少女偷偷到来之时，苏轼轻轻推开窗户，想和她交谈。谁知，窗子一开，少女像一只受惊的小鸟，撒腿便跑，消失在夜幕之中。

白鹤峰一带没有几户人家，没多久苏轼便了解到这位少女是此地温都监的女儿，名叫超超，年方二八，生得清雅俊秀，知书达理，尤爱苏学士的诗歌词赋，常常手不释卷，如醉如痴。她打定主意，非苏学士这样的才子不嫁。自从苏轼被贬至惠州之后，她一直寻找机会与苏学士见面。因此便借着夜幕的掩护，不顾风冷霜凄，站在窗外听苏学士吟诗，在她看来，这是莫大的享受。

苏轼十分感动，他暗想："我苏轼何德何能，让才女如此青睐。"他打定主意，要成全这位才貌双全的都监之女。苏轼认识一位王姓读书人，生得风流倜傥，饱读诗书，抱负不凡。苏轼便为两人牵了红线。温都监父女都非常高兴。从此，温超超闭门读书，或者做做女红针线，静候佳音。

谁知，祸从天降。正当苏轼一家人在惠州初步安顿下来时，哲宗又下圣旨，再贬苏轼为琼州别驾昌化军安置。琼州远在海南，"冬无炭，夏无寒泉"，是一块荒僻的不毛之地。衙役们催得急，苏轼只得把家属留在惠州，只身带着幼子苏过动身赴琼州。全家人送到江边，洒泪而别。苏轼想到自己这一去生还的机会极小，也不禁悲从中来。

苏轼突然被贬海南，对温超超简直是晴天霹雳。她觉得自己不仅错失了一门好姻缘，还永远失去了与苏学士往来的机会。从此她变得痴痴呆呆、郁郁寡欢，常常一个人跑到苏学士在白鹤峰的旧屋前一站就是半天。渐渐地，连寝食都废了，终于一病不起。临终时，她还让家人去白鹤峰看看苏学士回来没有，最终带着无限的遗憾离开了这个世界。家人遵照她的遗嘱，把她安葬在白鹤峰前一个沙丘旁，坟头向着海南，因为她希望自己死后，灵魂能看到苏学士从海南归来。

三年后，徽宗继位，大赦天下，苏轼才得以回到内地。苏轼再回惠州时，温超超的坟墓已长满了野草。站在超超墓前，苏轼百感交集，潸然泪下，他恨自己未能满足超超的心愿。他满怀愧疚，吟出一首词来：

缺月挂疏桐，漏断人初静。谁见幽人独往来，缥缈孤鸿影。

惊起却回头，有恨无人省。拣尽寒枝不肯栖，寂寞沙洲冷。

遇到一个很有魅力、令自己魂牵梦萦的人，是毕生的安慰，然而，得不到他，却是毕生的遗憾。除却巫山不是云，没有人比他更好，可是，他却永远不能属于自己，难道唯有抱着对他的记忆过一生吗？

相思实属人之常情。失恋的青年男女因相思而心情不佳、郁郁寡欢，沉默、注意力不集中、失眠、食量减少、消瘦，并不足为奇。这不会影响日常生活和工作，而且持续时间一般较短。随着时间的推移，痛苦会逐渐减少，或者有了新的恋爱对象，注意力发生转移，心理反应也就渐趋消失。但是，也有少数人情况会变得严重而发展成心理障碍，表现为情绪抑郁、言语减少、连续失眠、食欲丧失、消极厌世、兴趣消失，有的则表现为喜怒无常、激动、失去自我控制能力。这种心理障碍被称为反应性抑郁症，影响生活、学习和工作，且持续时间较长，危害性极大。

对于过度思虑的人来说，无休止的思考好似积攒在心头的"赘肉"，无法搬运、无处转移。你知道吗？我们的心灵也需要减肥，否则它会不堪重负。心灵减肥的过程其实是一个"放心"的过程，过度思恋，相当于你一不小心误入了思虑的泥沼，这时候，你最好赶快掉头往回跑，做一些轻松愉快的事情来分散自己的注意力，如读小说、听音乐、看电影、吃零食、与朋友聊天等。不要钻牛角尖，切忌陷入思维定式，要学一点儿"没心没肺"，给点儿阳光就灿烂。

疑心太重自寻烦恼

现实中，有些人总喜欢没完没了地猜疑他人，这无异于把自己封闭起来，没完没了地自寻烦恼。

俗话说："害人之心不可有，防人之心不可无。"正常的猜疑人皆有之，但多疑是猜疑的极端状态，是心理失衡的表现。

现实中，有些人处处表现出一种"防人之心"，时时表现出一种强烈的猜疑他人的戒备心理，他们整天疑心重重，处处神经过敏，很难相信他人，结果使自己的日子很不好过，他们透过"怀疑"的镜片看这个世界的一切，正常的一切在他们的眼中都变了颜色。

这样的人人际关系都很糟糕，没有知心朋友，自身虽十分苦恼却找不出原因。甚至有的人因为猜疑，夫妻离异、朋友反目。仔细想想，也怪不得他人，谁愿意和一个整天猜疑的人生活在一起呢？

他们搞不好人际关系的根本原因就在于他们不信任他人。俗话说："疑人不用，用人不疑。"假如一位领导对自己的下属总是疑这疑那，总认为他人要算计自己，常常曲解下属善意的、正常的言行，那么哪个下属愿意跟着他做事呢？

有太强戒备心理的人，总不肯对他人说心里话，因此，他人就会感到这个人"不实在""不好捉摸"，自然就不太想与他交往。人与人之间的关系因为猜疑而不能开诚布公地相互交流，彼此之间缺乏温暖，变得麻木，变得冷漠凄凉。《红楼梦》中的林黛玉，就是个疑心病很重的人。她是位聪慧的女子，然而却把自己的天资用于猜忌别人上面，处处猜测怀疑，草木皆兵，既伤了自己的心，更伤了别人的心，最后失去朋友，失去人缘，导致人际关系恶化。

《红楼梦》第七回中写道，周瑞家受薛姨妈之托，将十二枝新鲜样法的宫花送给几位姑娘，她顺路将花先后送给迎春、探春、惜春和凤姐，最后送给黛玉。黛玉却问道："是单送我一个人，还是别的姑娘都有了呢？"周瑞家回答说："各位都有了，这两枝是姑娘的了。"黛玉听后冷笑道："我就知道，别人不挑剩下的也不给我。"周瑞家一下子被噎住，不知如何对答。区区小事，却无端怀疑，斤斤计较，说话尖刻，令人难以接受。不仅得罪了周瑞家的，而且还会引起薛姨妈和众姐妹的不满。平时她对周围的人也是处处猜忌。她的这种性格缺陷严重影响了她的人际交往，使大家对她都有戒心，有事瞒着她，有话也不敢对她说，对她实行孤立态势。所以说，心胸狭窄，猜忌别人，会使人际关系产生种种误解和隔阂，这是人际交往中的大忌，务必吸取教训。

关注自己的身体状况本来是件好事，然而凡事都要谨防"过犹不及"，有些人过分关注自己的身体状况，有点儿不舒服就怀疑自己是不是得了什么不治之症，到医院去检查，各项指标都正常。比如，有一个人从一份医学杂志上看到肝炎可以遗传，吓得脸色立刻就变了。原来他父亲患有肝病，他觉得自己也有了这种病，到医院检查，却发现什么病都没有。

凡疑心太重的人，基本上都有敏感、多疑，以及主观、固执的性格特点，加上缺乏医学知识，又总是断章取义地去运用医学知识，在自我暗示的作用下，产生错觉。有的人虽然身体有点儿小毛病，但看得过于严重，整日忧心忡忡，也可能引发疑病心理。

当一个人产生了疑病心理或患有疑病症的时候，就会陷入无尽的烦恼中，不仅损害身心健康，还会因为无病乱投医而给自己增加经济负担。因此，有疑病心理的人一定要努力使自己相信医生和科学诊断，这样将有助于疑病心理弱化甚至消失。

要消除疑病心理，关键在于保持乐观向上的情绪状态，打消对疾病的恐惧。"心病还须心药治。"如果医生说的和医院检查的结果都不能让你相信，那么就应该去找心理医生聊聊，只有从心理上解决了问题，才能从根本上摆脱身体"疾病"的困扰。

有疑病心理的人，要多与朋友及亲人交流，见多识广才能心胸宽广，最好能学一些医学知识，而不是断章取义地用在自己身上，这才是解决问题的根本之道。

日本的一位学者说过："怀疑是由思想的饱食过多而产生的消化不良症，治愈之方不在提供疑问的解答，而是在使之动手工作。"一个人生活的内容丰富了，就能从内心感觉到生活的美好，加上身边有许多朋友，没有空虚的感觉，他哪里还有怀疑的情绪呢？

做情绪的调节师

情绪可能会给我们带来伟大的成就，也可能带来惨痛的失败，我们必须了解、控制自己的情绪，千万不要让情绪左右了我们自己。能否很好地控制自己的情绪，取决于一个人的气度、涵养、胸怀、毅力。气度恢宏、心胸博大的人都能做到不以物喜，不以己悲。

激怒时要疏导、平静；过喜时要收敛、抑制；忧愁时宜释放、自解；思虑时应分散、消遣；悲伤时要转移、娱乐；恐惧时寻支持、帮助；惊慌时要镇定、沉着……情绪修炼好，心理才健康，心理健康了，身体自然就健康。被人津津乐道的"空嫂"吴尔愉是个控制情绪的高手。她的优雅美丽来自一份健康的心态。她认为，遇到心里不畅快，一定要与人沟通、释放不快。

如果一个人习惯用自己的优点和别人的缺点比，对什么都不满意，却对谁都不说，日积月累，不但她的心情很糟糕，就是她的皮肤也会粗糙，美貌当然会减半。所以，有不开心、不顺心的时候，一定要找一个倾诉的伙伴。不但自己能一吐为快，朋友也能从旁观者的角度给你建议，让你豁然开朗。

在工作中，吴尔愉更善于控制情绪，让工作成为好心情的一部分。飞机上常常遇见刁钻、挑剔的客人。她总是能够让他们满意而归。她的秘诀就是自己要控制好情绪，不要被急躁、忧愁、紧张等消极情绪所左右，换位思考，乐于沟通。

有一位患上皮肤病的客人在飞机上十分暴躁，其他空姐都被他惹得生起气来。此时吴尔愉却亲切地为他服务，并且让空姐们想想如果自己也得了皮肤病，是否会比他还暴躁。在她的劝导下，大家都细心照顾起这位乘客。

做情绪的调节师，人的情绪无非有两种：一是愉快情绪，二是不愉快情绪。无论是愉快情绪还是不愉快情绪，都要把握好它的"度"。否则，"愉快"过度了，即要乐极生悲。人有喜怒哀乐不同的情绪体验，不愉快的情绪必须释放，以求得心理上的平衡。但不能过分，不然既影响自己的生活，又加剧了人际矛盾。

当遇到意外的沟通情景时，就要学会运用理智和自制，控制自己的情绪，轻易发怒只会造成负面效果。

面临困境，不要让消极情绪占据你的头脑。保持乐观，将挫折视为鞭策你前进的动力，遇事多往好处想，多聆听自己的心声，给自己留一点时间，平心静气地想一想，努力在消极情绪中加入一些积极的思考。

累了，去散一会儿步。到野外郊游，到深山大川走走，散散心，极目绿野，回归自然，荡涤一下胸中的烦恼，清理一下浑浊的思绪，净化一下心灵尘埃，唤回失去的理智和信心。

唱一首歌。一首优美动听的抒情歌，一曲欢快轻松的舞曲或许会唤起你对美好过去的回忆，引发你对灿烂未来的憧憬。

读一本书。在书的世界遨游，将忧愁悲伤统统抛诸脑后，让你的心胸更开阔，气量更豁达。

看一部精彩的电影，穿一件漂亮的新衣，吃一点儿自己喜欢的零食……不知不觉间，你的心不再是情绪的垃圾场，你会发现，没有什么比被情绪左右更愚蠢的事了。

生活中许多事情都不能左右，但是我们可以左右我们的心情，不再做悲伤、愤怒、嫉妒、怀恨的奴隶，以一颗积极健康的心去面对生活中的每一天。

走出情绪的死角

正确认识情绪，对情绪反应仔细分析，因为，有时候情绪会把我们带进一个越走越窄的胡同，如果我们不仔细看后面，很可能会误以为已经无路可走。一个人在森林中徒步行走，他眼角的余光突然发现了一条长而弯曲的东西，他脑子里蓦地窜出蛇的样子，下意识地跳到了一块石头上。但他仔细察看这个东西后，紧张的心情释然了，原来那是一根青藤而不是蛇。这个人在刚看到青藤时的反应被称为应激反应，是大脑的情绪反应与智力反应的通路。在应激状态下，出现于大脑中的情绪与智力的通路是正常的、可以理解的。然而，有些人稍遇情绪波动就产生这种通路，产生感情冲动，以感情代替理智、以感情冲击理智。这类人很难调节自己的情绪。

　　苏珊娜最近的精神状态很糟糕，她不得不去咨询心理医生。

　　她第一次去见她的心理医生时，一开口就说："医生，我想你是帮不了我的，我实在是个很糟糕的人，老是把工作搞得一塌糊涂，肯定会被辞掉。就在昨天，老板跟我说我要调职了，他说是升职了。要是我的工作表现真的好，干吗要把我调职呢？"

　　可是，慢慢地，在那些泄气话背后，苏珊娜说出了她的真实景况。原来她在两年前拿了个 MBA 学位，有一份薪水优厚的工作。这哪能算是一事无成呢？

　　针对苏珊娜的情况，心理医生要她以后把想到的话记下来，尤其在晚上失眠时想到的话。在他们第二次见面时，苏珊娜列下了这样的话："我其实并不怎么出色，我之所以能够冒出头来全是侥幸。""明天定会大祸临头，我从没主持过会议。""今天早上老板满脸怒容，我做错了什么呢？"

　　她承认说："就在一天里，我列下了 26 个消极思想，难怪我经常觉得疲倦，意志消沉。"苏珊娜直到自己把忧虑和烦恼的事念出来后，才发觉自己为了一些假想的灾祸浪费了太多的精力。

烦恼是一种不良情绪，忘掉自我，专心投入你当前要做的事情上，可以让你克服紧张情绪，保持一种泰然自若的心态。许多事情过后，你会发现那不过是庸人自扰，根本没有你原先想象的那么复杂、困难。何苦非要与自己过不去呢？

　　世上本无事，庸人自扰之。有些时候，并不是烦恼在追着你跑，而是你追着它不放，就像故事中的苏珊娜一样。大凡终日烦恼的人，实际上并不是遭到了多大的不幸，而是自己的内心对生活的认识存在片面性。因此，要学会摆脱烦恼。

　　真正聪明的人即使处在烦恼的环境中，也往往能够自己寻找快乐。谁都会有烦恼的事情，如果总是为不期而至的意外烦恼不已，或悲观失望，结果让自己的生活变得更糟糕，这样做不是很愚蠢吗？我们既然不能改变既成事实，为什么不改变面对事实，尤其是对坏事的态度呢？

"装"出来的好心情

　　我们都知道"开心是一天，不开心也是一天"的道理，但"天天好心情"还真不是件容易事。喜怒哀乐乃人之常情，任何人都无法避免，但是长时间情绪低落会侵蚀你的身体，甚至影响你的健康；而好的心情则可以大大提高你的生活质量，也有助于你的身心健康。所以，一个人要想健康长寿，首先要摆脱坏情绪的纠缠，去发现体味生活中的美好，保持自己的好心情。

　　"心情不好吗？""不好。"

　　那我们不妨试试"装"出好心情。在我们感到情绪低落时，"装"出好心情是放松身心、从消极转向积极的最有效的方法——我们通过"装"的扮演过程获得真实的好心情。最终，原本只是"装"出来的好心情会变成真实的感受从而让我们在不如意的时候能够快乐，遇到困境时能够有自信和意志力。

有句谚语："一个小丑进城，胜过一打医生。"它的意思是说，小丑带给了大家欢笑。而好心情对身心健康的重要性胜过了医生对你的帮助。比方说，当你感到自己很压抑、没有任何动力和积极性的时候，不妨"装"着笑出来，你可以微微一笑、对着镜子做些鬼脸，还可以开怀大笑、吹吹口哨。无论怎样，你就是要"装"出自己心情很好的样子。这样，你会发现，不久之后心情真的好起来了。而且，这种方法还能帮助你减轻疲劳、舒缓紧张和忧虑。

李先生是一个事业有成的企业家。按理说他的人生很成功，应该没有什么让他忧虑的事情。但事实并非如此，他经常觉得心里恐慌，然后会陷入低落的情绪中。

有一天，他又感到意志消沉。之前一旦出现这种情绪低落状况时，他通常采取的办法是避不见人，直到这种心情消散为止。但这天他要和上司举行一个重要会议，躲着不见人肯定行不通，那怎么办呢？他决定装出一副快乐的表情，让大家以为他根本就没有焦虑的事情。

于是，他在会议上笑容可掬，谈笑风生，装出一副心情愉快而又和蔼可亲的样子。令他惊奇的是，不久他就发现自己果真不再抑郁不振了。

李先生认为这是一种很奇妙的感觉，在他无意识中，低落的情绪竟然自己就跑了。其实，"装"出好心情的例子有很多。不知你有没有这样的发现，当小孩子哭得眼泪汪汪的时候，大人们通常都会逗小孩子说："噢，不哭，不哭，来，笑一个，乖乖笑一个吧。"结果很多小孩子就真的笑了。当然，刚开始的时候，他们可能很不情愿，只是勉强地笑了笑，但很快他们会随着这个勉强的笑慢慢变得开心起来。这就是"装"出好心情最常见的例子。当然，如果一个人装出很生气的样子，他也会因为这个角色扮演而陷入这种情绪的常见反应，心跳、呼吸变得急促。然后，这个人的情绪也会被"装"的愤怒所影响，容易变得心情不好。所以，当你心情不好、意志消沉的时候，赶快装个好心情吧。你只需用自己的表情和心情这些唾手可得的装扮道具，就能瞬间走出灰暗情绪的笼罩。

人的心情就像是天气，阴晴不定、变幻莫测。天天好心情固然是每个人都渴求的，但是瞬息万变的世界往往让人们不能如愿以偿。因为，人难免会遇到不顺眼的人、不顺心的事，坏心情也就随时会光临。如果你不想做一个受控于情绪的人，那么，从现在起，学着"装"出一份好心情，之后，你会发现，坏情绪就真的不见了。

第十一章

沉住气，苦难的尽头就是幸福的开始

如果说幸福是灵魂的巨大愉悦，这愉悦源自对生命的美好意义的强烈感受，那么，折磨之为折磨，在于它能够撼动生命的根基，打击了人对生命意义的信心，因而使人陷入巨大痛苦中。生命中所经历的一切，无论多么悲惨，如果没有震撼灵魂，就称不上是折磨。当你不断遭受折磨，你的灵魂也在折磨中不断升华，最终，你将在不断的进步中趋近完美的人生。

苦难是把双刃剑

苦难可以激发生机，也可以扼杀生机；可以磨炼意志，也可以摧垮意志；可以启迪智慧，也可以蒙蔽智慧；可以高扬人格，也可以贬低人格。这完全取决于每个人本身。

苦难是一柄双刃剑，它能让强者更强，练就出色而几近完美的人格；但是同时它也能够将弱者一剑削平，从此倒下。

有这样一个"倒霉蛋"，他是个农民，做过木匠，干过泥瓦工，收过破烂儿，卖过煤球，在感情上受过欺骗，还打过一场 3 年之久的官司。他曾经独自闯荡在一个又一个城市里，做着各种各样的活计，居无定所，四处漂泊，生活上也没有任何保障。看起来仍然像一个农民，但是他与乡里的农民有些不同，他虽然也日出而作，但不是日落而息——他热爱文学，写下了许多清澈纯净的诗歌，每每读到他的诗歌，都让人们为之感动，同时为之惊叹。

"你这么复杂的经历怎么会写出这么纯净的作品呢?"他的一个朋友这么问他，"有时候我读你的作品总有一种感觉，觉得只有初恋的人才能写得出。"

"那你认为我该写出什么样的作品呢?《罪与罚》吗?"他笑道。

"起码应当比这些作品更沉重和黯淡些。"

他笑了，说:"我是在农村长大的，农村家家都储粪种庄稼。小时候，每当碰到别人往地里送粪时，我都会掩鼻而过。那时我觉得很奇怪，这么臭、这么脏的东西，怎么就能使庄稼长得更壮实呢?后来，经历了这么多事，我却发现自己并没有学坏，也没有堕落，甚至连麻木也没有，就完全明白了粪便和庄稼的关系。

"粪便是脏臭的，如果你把它一直储在粪池里，它就会一直这么脏臭下去。一旦它遇到土地，它就和深厚的土地结合，就成了一种有益的肥料。对于一个人，苦难也是这样。如果把苦难只视为苦难，那它真的就只是苦难。如果你让它与你精神世界里最广阔的那片土地去结合，它就会成为一种宝贵的营养，让你在苦难中如凤凰涅槃，体会到特别的甘甜和美好。"

土地转化了粪便的性质，人的心灵则可以转化苦难的性质。在这转化中，每一场沧桑都成了他唇间的美酒，每一道沟坎都成了他诗句的源泉。他文字里那些明亮的妩媚原来是那么深情、隽永，因为其间的一笔一画都是他踏破苦难的履痕。

苦难是把双刃剑，它会割伤你，但也会帮助你。帕格尼尼，世界超级小提琴家。他是一位在苦难的琴弦下把生命之歌演奏到极致的人。4岁时一场麻疹和强直性昏厥症让他险些就此躺进棺材。7岁患上严重肺炎，只得大量放血治疗。46岁因牙床长满脓疮，拔掉了大部分牙齿。而后又染上了可怕的眼疾。50岁后，关节炎、喉结核、肠道炎等疾病折磨着他的身体与心灵。后来声带也坏了。他仅活到57岁，就口吐鲜血而亡。

身体的创伤不仅仅是他苦难的全部。他从13岁起，就在世界各地过着流浪的生活。他曾一度将自己禁闭，每天疯狂地练琴，几乎忘记了饥饿和死亡。像这样的一个人，这样一个悲惨的生命，却在琴弦上奏出了最美妙的音符。3岁学琴，12岁首场个人音乐会。他令无数人陶醉，令无数人疯狂！

乐评家称他是"操琴弓的魔术师"。歌德评价他："在琴弦上展现了火一样的灵魂。"李斯特大喊："天哪，在这四根琴弦中包含着多少苦难、痛苦与受到残害的生灵啊！"苦难净化心灵，悲剧使人崇高。也许上帝成就天才的方式，就是让他在苦难这所大学中进修。

弥尔顿、贝多芬、帕格尼尼——世界文艺史上的三大怪杰，一个成了瞎子，一个成了聋子，一个成了哑巴！这就是最好的例证。苦难，在这些不屈的人面前，会化为一种礼物，一种人格上的成熟与伟岸，一种意志上的顽强和坚韧，一种对人生和生活的深刻认识。然而，对更多人来说，苦难是噩梦，是灾难，甚至是毁灭性的打击。

其实对于每一个人，苦难都可以成为礼物或是灾难。你无须祈求上帝保佑，菩萨显灵。选择权就在你自己手里。一个人的尊严之处，就是不轻易被苦难压倒，不轻易因苦难放弃希望，不轻易让苦难占据自己蓬勃向上的心灵。

重要的是你如何看

重要的是你如何看待那些发生在你身上的事，而不是到底发生了什么。

如果一个人在 46 岁的时候，因意外事故被烧得不成人形，4 年后又在一次坠机事故后腰部以下全部瘫痪，他会怎么办？再后来，你能想象他变成百万富翁、受人爱戴的公共演说家、扬扬得意的新郎及成功的企业家吗？你能想象他去泛舟、玩跳伞、在政坛角逐一席之地吗？

米契尔全做到了，甚至有过之而无不及。在经历了两次可怕的意外事故后，他的脸因植皮而变成一块"彩色板"，手指没有了，双腿如此细小，无法行动，只能瘫痪在轮椅上。意外事故把他身上65% 以上的皮肤都烧坏了，为此他动了 16 次手术。手术后，他无法拿起叉子，无法拨电话，也无法一个人上厕所。但曾是海军陆战队员的米契尔从不认为他被打败了，他说："我完全可以掌握我自己的人生之船，我可以选择把目前的状况看成倒退或是一个起点。"6 个月之后，他又能开飞机了。

米契尔为自己在科罗拉多州买了一幢维多利亚式的房子，还买了一架飞机及一家酒吧。后来他和两个朋友合资开了一家公司，专门生产以木材为燃料的炉子，这家公司后来变成佛蒙特州第二大私人公司。意外事故烧伤后4年，米契尔所开的飞机在起飞时又摔回跑道，把他背部的12块脊椎骨全压得粉碎，腰部以下永远瘫痪。"我不解的是为何这些事老是发生在我身上，我到底是造了什么孽，要遭到这样的报应？"米契尔说。

米契尔仍不屈不挠，日夜努力使自己能达到最高限度的独立自主，他被选为科罗拉多州孤峰顶镇的镇长，以保护小镇的美景及环境，使之不因矿产的开采而遭受破坏。米契尔后来也竞选国会议员，他用一句"不只是另一张小白脸"的口号，将自己难看的脸转化成一笔有利的资产。

尽管面貌骇人、行动不便，米契尔却坠入爱河，并且完成了终身大事，也拿到了公共行政硕士学位，并继续着他的飞行活动、环保运动及公共演说。米契尔说："我瘫痪之前可以做1万件事，现在我只能做9000件事，我可以把注意力放在我无法再做好的1000件事上，或是把目光放在我还能做的9000件事上。告诉大家，我的人生遭受过两次重大的挫折，如果我能选择不把挫折拿来当成放弃努力的借口，那么，或许你们可以用一个新的角度来看待一些一直让你们裹足不前的经历。你可以退一步，想开一点，然后你就有机会说：'或许那也没什么大不了的。'"

记住："重要的是你如何看待发生在你身上的事，而不是到底发生了什么。"人生之路，不如意事常八九，一帆风顺者少，曲折坎坷者多，成功是由无数次失败构成的。在追求成功的过程中，还需正确面对失败。乐观和自我超越就是能否战胜自卑、走向自信的关键。正如美国通用电气公司创始人沃特所说："通向成功的路，即把你失败的次数增加一倍。"但失败对人毕竟是一种"负性刺激",会使人产生不愉快、沮丧、自卑。

面对挫折和失败,唯有乐观积极的持久心,才是正确的选择。其一,采用自我心理调适法,提高心理承受能力;其二,注意审视、完善策略;其三,用"局部成功"来激励自己;其四,做到坚韧不拔,不因挫折而放弃追求。

要战胜失败所带来的挫折感,就要善于挖掘、利用自身的资源。应该说当今社会已大大增加了这方面的发展机遇,只要敢于尝试,勇于拼搏,就一定会有所作为。虽然有时个体不能改变环境的安排,但谁也无法剥夺其作为"自我主人"的权利。屈原遭放逐乃作《离骚》;司马迁受宫刑乃成《史记》,就是因为他们无论什么时候都不气馁、不自卑,都有坚韧不拔的意志。有了这一点,就会挣脱困境的束缚,迎来光明的前景。

若每次失败之后都能有所领悟,把每一次失败都当作成功的前奏,那么就能化消极为积极,变自卑为自信。作为一个现代人,应具有迎接失败的心理准备。世界充满了成功的机遇,也充满了失败的风险,所以要树立持久心,以不断提高应付挫折与干扰的能力,调整自己,增强社会适应力,坚信失败乃成功之母。

成功之路难免坎坷和曲折,有些人把痛苦和不幸作为退却的借口,也有人在痛苦和不幸面前寻得复活和再生。只有勇敢地面对不幸和超越痛苦,永葆青春的朝气和活力,用理智去战胜不幸,用坚持去战胜失败,我们才能真正成为自己命运的主宰,成为掌握自身命运的强者。

其实失败就是强者和弱者的一块试金石,强者可以越挫越奋,弱者则是一蹶不振。想成功，就必须面对失败，必须在千万次失败面前站起来。

超越人生的苦难

苦难对于弱者是一个深渊，而对于天才来说则是一块垫脚石。

美国前总统克林顿并不算是天才人物，但他能登上美国总统的宝座，与他个人的勤奋和磨炼不无关系。

克林顿的童年很不幸。他出生前4个月，父亲就死于一次车祸。他母亲因无力养家，只好把出生不久的他托付给自己的父母抚养。童年的克林顿受到外公和舅舅的深刻影响。他自己说，他从外公那里学会了忍耐和平等待人，从舅舅那里学到了说到做到的男子汉气概。他7岁随母亲和继父迁往温泉城，不幸的是，双亲之间常因意见不合而发生激烈冲突，继父嗜酒成性，酒后经常虐待克林顿的母亲，小克林顿也经常遭其斥骂。这给从小就寄养在亲戚家的小克林顿的心灵蒙上了一层阴影。

坎坷的童年生活，使克林顿形成了尽力表现自己，争取别人喜欢的性格。他在中学时代非常活跃，一直积极参与班级和学生会活动，并且有较强的组织和社会活动能力。他是学校合唱队的主要成员，而且被乐队指挥定为首席吹奏手。

1963年夏，他在"中学模拟政府"的竞选中被选为参议员，应邀参观了首都华盛顿，这使他有机会看到了"真正的政治"。参观白宫时，他受到了肯尼迪总统的接见，不但同总统握了手，而且还和总统合影留念。

此次华盛顿之行是克林顿人生的转折点，使他的理想由当牧师、音乐家、记者或教师转向了从政，梦想成为肯尼迪第二。

有了目标和坚强的意志，克林顿此后30年的全部努力，都紧紧围绕这个目标。上大学时，他先读外交，后读法律——这些都是政治家必须具备的知识修养。离开学校后，他一步一个脚印，律师、议员、州长，最后达到了政治家的巅峰——总统。

人生来都希望在一个平和顺利的环境中成长，但上帝并不喜爱安逸的人们，他要挑选出最杰出的人物，于是他让这些人历经磨难，千锤百炼终于成金。

一个人若想有所成就，那么苦难就成为一道你必须超越的关卡。就像神话中所说的那样，那条鲤鱼必须跳过龙门，才能超越自我、化身为龙，人生又何尝不是如此！

抓住机会，用苦难磨炼自己

对于一个人来说，苦难确实是残酷的，但如果你能充分利用苦难这个机会来磨炼自己，苦难会馈赠给你很多。

生命不会是一帆风顺的，任何人都会遇到逆境。从某种意义上说，经历苦难是人生的不幸，如果你能够正视现实，从苦难中发现积极的意义，充分利用机会磨炼自己，你的人生将会得到不同寻常的升华。

我们可以看看下面这则故事：

由于经济破产和从小落下的残疾，人生对格尔来说已索然无味。

在一个晴朗日子，格尔找到了牧师。牧师现在已疾病缠身，脑溢血彻底摧残了他的健康，并遗留下右侧偏瘫和失语等症，医生们断言他再也不能恢复说话能力了。然而仅在病后几周，他就努力学会了重新讲话和行走。

牧师耐心听完了格尔的倾诉。"是的，不幸的经历使你心灵充满创伤，你现在生活的主要内容就是叹息，并想从叹息中寻找安慰。"他闪烁的目光始终燃烧着格尔，"有些人不善于抛开痛苦，他们让痛苦缠绕一生直至幻灭。但有些人能利用悲哀的情感获得生命悲壮的感受，并从而对生活恢复信心。"

"让我给你看样东西。"他向窗外指去。那边矗立着一排高大的枫树，在枫树间悬吊着一些陈旧的粗绳索。他说："60年前，这儿的庄园主种下这些树护卫牧场，他在树间牵拉了许多粗绳索。对于幼树嫩弱的生命，这太残酷了，这种创伤无疑是终身的。有些树面对残酷的现实，能与命运抗争；而另有一些树消极地诅咒命运，结果就完全不同了。"

他指着一棵被绳索损伤并已枯萎的老树："为什么有些树毁掉了，而这一棵树已成为绳索的主宰而不是其牺牲品呢？"

眼前这棵粗壮的枫树看不出有什么疤痕，格尔所看到的是绳索穿过树干——几乎像钻了一个洞似的，真是一个奇迹。

"关于这些树，我想过许多。"牧师说，"只有体内强大的生命力才可能战胜像绳索带来的那样终身的创伤，而不是自己毁掉这宝贵的生命。"沉思了一会儿后，牧师说："对于人，有很多解忧的方法。在痛苦的时候，找个朋友倾诉，找些活儿干；对待不幸，要有一个清醒而客观的全面认识，尽量抛掉那些怨恨的情感负担。有一点也许是最重要的，也是最困难的——你应尽一切努力愉悦自己，真正地爱自己，并抓住机会磨炼自己。"

在遇到挫折困苦时，我们不妨聪明一些，找方法让精神伤痛远离自己的心灵，利用苦难来磨炼自己的意志。尽一切努力愉悦自己，真正地爱自己。我们的生命就会更丰盈，精神会更饱满，我们就可能会拥有一个辉煌壮美的人生。

打开苦难的另一道门

拿破仑说："我只有一个忠告——做你自己的主人。"

习惯抱怨生活太苦的人，是不是也能说一句这样的豪言壮语："我已经经历了那么多的磨难，眼下的这一点痛又算得了什么?!"

我们在埋怨自己生活多磨难的同时，不妨想想下面这位老人的人生经历，或许还有更多多灾多难的人，与他们相比我们的困难和挫折算什么呢? 自强起来，生命就会站立不倒。

德国有一位名叫班纳德的人，在风风雨雨的 50 年间，他遭受了 200 多次磨难的洗礼，从而成为世界上最倒霉的人，但这些也使他成为世界上最坚强的人。

他出生后 14 个月，摔伤了后背；之后又从楼梯上掉下来摔残了一只脚；再后来爬树时又摔伤了四肢；一次骑车时，忽然一阵不知从何处而来的大风，把他吹了个人仰车翻，膝盖又受了重伤；13 岁时掉进了下水道，差点窒息；一次，一辆汽车失控，把他的头撞了一个大洞，血如泉涌；又有一辆垃圾车，倒垃圾时将他埋在了下面；

还有一次他在理发屋中坐着，突然一辆飞驰的汽车撞了进来……

他一生倒霉无数，在最为晦气的一年中，竟遇到了 17 次意外。

但更令人惊奇的是，老人至今仍旧健康地活着，心中充满着自信，因为他经历了 200 多次磨难的洗礼，他还怕什么呢？

"自古雄才多磨难，从来纨绔少伟男"，人们最出色的工作往往是在挫折逆境中做出的。我们要有一个辩证的挫折观，经常保持自信和乐观的态度。挫折和教训使我们变得聪明和成熟，正是失败本身才最终造就了成功。我们要悦纳自己和他人他事，要能容忍挫折，学会自我宽慰，心怀坦荡、情绪乐观、满怀信心地去争取成功。

如果能在挫折中坚持下去，挫折实在是人生不可多得的一笔财富。有人说，不要做在树林中安睡的鸟儿，而要做在雷鸣般的瀑布边也能安睡的鸟儿，就是这个道理。逆境并不可怕，只要我们学会去适应，那么挫折带来的逆境，反而会给我们以进取的精神和百折不挠的毅力。

挫折让我们更能体会到成功的喜悦，没有挫折我们不懂得珍惜，没有挫折的人生是不完美的。

世事常变化，人生多艰辛。在漫长的人生之旅中，尽管人们期盼能一帆风顺，但在现实生活中，却往往令人不期然地遭遇逆境。

逆境是理想的幻灭、事业的挫败；是人生的暗夜、征程的低谷。就像寒潮往往伴随着大风一样，逆境往往是通过名誉与地位的下降、金钱与物资的损失、身体与家庭的变故而表现出来的。逆境是人们的理想与现实的严重背离，是人们的过去与现在的巨大反差。

每个人都会遇到逆境，以为逆境是人生不可承受的打击的人，必不能挺过这一关，可能会因此而颓废下去；而以为逆境只不过是人生的一个小坎儿的人，就会想尽一切办法去找到一条可迈过去的路。这种人，多迈过几个小坎儿，就会不怕大坎儿，能成大事。

传说上帝造物之初，本打算让猫与老虎两师徒一道做万兽之王。上帝为考察它们的才能，放出了几只老鼠，老虎全力以赴，很干脆地就将老鼠捉住吃掉了。猫却认为这是大材小用，上帝小看了自己，心中不平，于是很不用心，捉住了老鼠再放开，玩弄了半天才把老鼠杀死。

考察的结果是：上帝认为猫太无能，不可做兽王，就让它身躯变小，专捉老鼠；而虎能全力以赴，做事认真，因此可以去统治山林，做百兽之王。

这则寓言告诉我们：世事艰辛，不如意者十有八九，不必因不平而泄气，也不必因逆境而烦恼，只要自己努力，机会总会有的。

面对逆境，不同的人有着不同的观点和态度。就悲观者而言，逆境是生存的炼狱，是前途的深渊；就乐观的人而言，逆境是人生的良师，是前进的阶梯。逆境如霜雪，它既可以凋叶摧草，也可使菊香梅艳；逆境似激流，它既可以溺人殒命，也能够济舟远航。逆境具有双重性，就看人怎样正确地去认识和把握。

古往今来，凡立大志、成大功者，往往都饱经磨难，备尝艰辛。逆境成就了"天将降大任"者。如果我们不想在逆境中沉沦，那么我们便应直面逆境，奋起抗争，只要我们能以坚韧不拔的意志奋力拼搏，就一定能冲出逆境。

人生没有承受不了的事

人的潜力是惊人的，很多时候，你认为你承受不了的事，往往却能够不费气力地承受下来。人生没有承受不了的事，相信你自己。

你还在为即将到来或正发生在自己身上的不幸而担忧吗？其实，这些困难并不像你想象的那样可怕。只要你勇敢面对，你就能够承受得了。等你适应了那样的不幸以后，你就可以从不幸中找到幸运的种子了。

帕克在一家汽车公司上班。很不幸，一次机器故障导致他的右眼被击伤，抢救后还是没有能保住，医生摘除了他的右眼球。帕克原本是一个十分乐观的人，但现在却成了一个沉默寡言的人。他害怕上街，因为总是有那么多人看他的眼睛。

他的休假一次次被延长，妻子艾丽丝负担了家庭的所有开支，而且她在晚上又兼了一个职。她很在乎这个家，她爱着自己的丈夫，想让全家过得和以前一样。艾丽丝认为丈夫心中的阴影总会消除的，那只是时间问题。

但糟糕的是，帕克的另一只眼睛的视力也受到了影响。在一个阳光灿烂的早晨，帕克问妻子谁在院子里踢球时，艾丽丝惊讶地看着丈夫和正在踢球的儿子。在以前，儿子即使到更远的地方，他也能看到。艾丽丝什么也没有说，只是走近丈夫，轻轻地抱住他的头。

帕克说："亲爱的，我知道以后会发生什么，我已经意识到了。"艾丽丝的泪就流下来了。其实，艾丽丝早就知道这种后果，只是她怕丈夫受不了打击而要求医生不要告诉他。帕克知道自己要失明后，反而镇静多了，连艾丽丝自己也感到奇怪。艾丽丝知道帕克能见到光明的日子已经不多了，她想为丈夫留下点什么。她每天把自己和儿子打扮得漂漂亮亮，还经常去美容院。在帕克面前，不论她心里多么悲伤，她总是努力微笑。几个月后，帕克说："艾丽丝，我发现你新买的套裙那么旧了！"艾丽丝说："是吗？"她奔到一个他看不到的角落，低声哭了。她那件套裙的颜色在太阳底下绚丽夺目。她想，还能为丈夫留下什么呢？第二天，家里来了一个油漆匠，艾丽丝想把家具和墙壁粉刷一遍，让帕克的心中永远有一个新家。油漆匠工作很认真，一边干活还一边吹着口哨。干了一个星期，终于把所有的家具和墙壁刷好了，他也知道了帕克的情况。油漆匠对帕克说："对不起，我干得很慢。"帕克说："您天天那么开心，我也为此感到高兴。"算工钱的时候，油漆匠少算了 100 元。艾丽丝和帕克说："您少算了工钱。"油漆匠说："我已经多拿了，一个等待失明的人还那么平静，您告诉了我什么叫勇气。"但帕克却坚持要多给油漆匠 100 元，帕克说："我也知道了原来残疾人也可以自食其力，并生活得很快乐。"油漆匠只有一只手。哀莫大于心死，只要自己还持有一颗乐观、充满希望的心，身体的残缺又有什么影响呢？

要学会享受生活，只要还拥有生活的勇气，那么你的人生仍然是五彩缤纷的。人的潜力是无穷的，世界上没有任何事情能够将人的心完全压制。只要相信自己，人生就没有承受不了的事。至于受老板的责骂、受客户的折磨这种小事，你还会在乎吗？

黑暗，只是光明的前兆

不要诅咒目前的黑暗，你所要做的就是做好准备，去迎接光明，因为黑暗只是光明的前兆。

莎士比亚在他的名著《哈姆雷特》中有这样一句经典台词："光明和黑暗只在一线间。"一个人身处黑暗之中，你的心灵千万不要因黑暗而熄灭，而是要充满希望，因为黑暗只是光明来临的前兆而已。

清代有一个年轻书生，自幼勤奋好学，无奈贫困的小村里没有一个好老师。书生的父母决定变卖家产，让孩子外出求学。

一天，天色已晚，书生饥肠辘辘准备翻过山头找户人家借住一宿。走着走着，树林里忽然蹿出一个拦路抢劫的土匪。书生立即拼命逃跑，无奈体力不支再加上土匪的穷追不舍，眼看着书生就要被追上了，正在走投无路时，书生一急钻进了一个山洞里。土匪见状，不肯罢休，他也追进山洞里。洞里一片漆黑，在洞的深处，书生终究未能逃过土匪的追逐，他被土匪逮住了。一顿毒打自然不能免掉，身上的所有钱财及衣物，甚至包括一把准备为夜间照明用的火把，都被土匪一掳而去了。土匪给他留下的只有一条薄命。

完事之后，书生和土匪两个人各自分头寻找着洞的出口，这山洞极深极黑，且洞中有洞，纵横交错。

土匪将抢来的火把点燃，他能轻而易举地看清脚下的石块，能看清周围的石壁，因而他不会碰壁，不会被石块绊倒，但是，他走来走去，就是走不出这个洞，最终，恶人有恶报，他迷失在山洞之中，力竭而死。

书生失去了火把，没有了照明，他在黑暗中摸索行走得十分艰辛，他不时碰壁，不时被石块绊倒，跌得鼻青脸肿，但是，正因为他置身于一片黑暗之中，所以他的眼睛能够敏锐地感受到洞里透进来的一点点微光，他迎着这缕微光摸索爬行，最终逃离了山洞。

如果没有黑暗，怎么可能发现光明呢？黑暗并不可怕，它只是光明到来之前的预兆。在黑暗中摸索前行，充满对光明的渴望，才是最良好的心态。如果你害怕黑暗，因黑暗而绝望，你将被无边的黑暗所淹没。相反，若你一直在心中点一盏长明灯，光明很快就会降临。

第十二章

沉住气，拿得起更要放得下

　　沉住气，就是要低调沉稳，不争功、不诿过，不逞强好胜，不斤斤计较，宠辱不惊，去留无意。反之，如果你认为自己处处胜人一筹、高人一等，就会有失谦逊之德、平易之美。所以，一个人不管在什么情况下，都要放下自己的身段，低调做人、高调做事，这不仅是体面生存和尊严立世的根本，也是赢得人生、成就事业的最佳心态。

身在红尘，骄傲需要弯下腰来

　　有一位将军，在大军撤退时总是断后，回到京城后，人们都称赞他很勇敢，将军却说："并非吾勇，马不进也。"将军把自己断后的无畏行为说成由于马走得太慢。其实，在人们心目中，"马走得太慢"不会折损将军的英雄形象。

　　那些深谙做人之道的人，大多是在社会群体中能够摆正自己位置的人；而那些把自己看得比别人高一等的人，一定是世界上最愚蠢的人。

　　一个人太自负，就很容易陷入一种莫名其妙的自我陶醉之中，变得自高自大起来。他会无视所有人对他的不满和提醒，终日沉浸在自我满足之中，对一切功名利禄都要捷足先登。这样的人反而永远也得不到人们对他的理解和尊重。

有时我们的烦恼正是来自我们那颗狂妄自大的心。狂妄自大的人自以为是，头脑容易发热，他们往往充满梦想，只相信自己的智慧和能力，坚信只有自己才是正确的；他们从来不接受别人的意见和劝告，认为采纳了别人的意见就等于是对自己的否定和贬低。这些人其实是典型的外强中干，他们的固执恰恰证明了他们并不是真正的强者，正因为心虚，所以他们才不愿服输。

实际上，人们尊敬的是那些脚踏实地的人，而不是自吹自擂的炫耀专家。有一个成语叫"虚怀若谷"，意思是说，胸怀要像山谷一样虚空。这是形容谦虚的一种很恰当的说法。只有空，你才能容得下东西，而虚荣，除了你自己之外，容不下任何东西。

居里夫人因取得了巨大的科学成就而天下闻名，她一生获得过各种奖金，各种奖章 16 枚，各种名誉头衔 117 个，但她对此都全不在意。

有一天，她的一位女朋友来访，忽然发现她的小女儿正在玩一枚金质奖章，而那枚金质奖章正是大名鼎鼎的英国皇家学会刚刚颁给她的，她不禁大吃一惊，忙问："居里夫人，能够得到一枚英国皇家学会的奖章，是极高的荣誉，您怎么能给孩子玩呢？"

居里夫人笑了笑说："我是想让孩子从小就知道，荣誉就像玩具，只能玩玩而已，绝不能永远守着它，否则将一事无成。"

1921 年，居里夫人应邀访问美国，美国妇女为了表示崇拜之情，主动捐赠1克镭给她。要知道，1克镭的价值在百万美元以上。

这是她急需的。虽然她是镭的母亲——发明者和所有者（她却放弃为此申请专利），但她却买不起昂贵的镭。

在赠送仪式之前，当她看到《赠送证明书》上写着"赠给居里夫人"的字样时，她不高兴了。她声明说："这个证书还需要修改。美国人民赠送给我的这1克镭永远属于科学，但是假如就这样规定，这1克镭就成了我的私人财产，这怎么行呢？"

主办者在惊愕之余，打心眼里佩服这位大科学家的高尚人品，马上请来一位律师，把证书修改后，居里夫人才在《赠送证明书》上签字。

我们看体育比赛，知道一个运动员要跳高，就必须先蹲下，没有人可以直着双腿而跳得高的。一个运动员在田径比赛时，特别是短距离比赛时，要跑得快，就必须先弯下腰，向前倾斜力度很大，因为这样会跑得更快。

大凡成功的人在遇到"瓶颈"时，他会以退为进，退也是一种谦虚。俗话说："天外有天，人外有人。"保持一颗谦逊的心，你更能时刻前进；跨越虚荣的樊篱，你才能平静地选择自己的生活，把握好自己前进的方向。

在生活中我们经常会遇到这样一种人，他们总喜欢指出别人的缺点，说人家这儿做得不合适，那儿也做得不够，似乎自己什么都行，对什么都可以说出一个大道理来。其实，这只是一种虚荣的表现，他们之所以摆出一副"万事通"的面孔来，就是怕被别人藐视，用这种习惯来显耀自己，以此来提高自己的地位，可是这样做的结果只会让人敬而远之，遭人厌恶。

真正的大人物，拥有人生大格局的人是那种成就了不平凡的事业却仍然像平凡人一样生活着的人。他们从来都是虚怀若谷，他们不会因为自己腰缠万贯而盛气凌人，他们从来不会见人就喋喋不休地诉说自己是如何成功和发迹的，他们也从不痛恨自己周围的人是"居心叵测之人"，他们"不以物喜，不以己悲"，平和地做着自己该做的事情。

敢于低头是魄力，更是能力

如果把我们的人生比作爬山，有的人在山脚刚刚起步，有的人正向山腰跋涉，有的人已攀上顶峰。但此时，不管你处在什么位置，请记住：要把自己放在山的最低处，即使"会当凌绝顶"，也要懂得适时低头，因为，在你所经历的漫长人生旅途中，难免有碰头的时候。敢于低头、适时认输是成大事者的一种人生态度和格局，他们在后退一步中潜心修炼，从而获得比咄咄逼人者更多的成功机会。低头并不是自卑，认输也不是怯弱，当你明白了低头认输的智慧，当你从困惑中走出来时，你会发现，适时的低头，其实是一种难得的境界。

富兰克林年轻时去拜访一位前辈。年轻气盛的他，昂首挺胸，迈着大步，一进门就撞在门框上。迎接他的前辈见此情景，笑着说："很疼吧？可这是你今天来访的最大收获。一个人活在世上，就必须时刻记住低头。"

有人问过苏格拉底："你是天下最有学问的人，那么你说天与地之间的高度是多少？"苏格拉底毫不迟疑地说："三尺！"那人不以为然："我们每个人都有五尺高，天与地之间只有三尺，那还不把天戳个窟窿？"苏格拉底笑着说："所以，凡是高度超过三尺的人，要长立于天地之间，就要懂得低头啊。"

很多人在年轻时不谙世事，只会冲撞，不懂低头，结果总是碰壁，吃了不少苦头。这是大多数人的通病，不足为奇，重要的是在碰壁后，你要"吃一堑长一智"，慢慢学会低头，才能踏上通畅的人生之路。如果你总也不肯低头，就会处处碰壁，四面楚歌，甚至抱恨终生。

学会低头、懂得低头和敢于低头对我们来说是非常重要的，尤其是在社会竞争激烈的今天，生命的负载过多，人生的负载太沉，低一低头，可以卸去多余的沉重；面对自身的不足，低一低头，就可以赢得别人的谅解和信任，除去不必要的纠纷。

要学会低头，就必须懂得低头是一种智慧，它需要求同存异、应时顺势、谦恭温良。要懂得低头，就必须理解低头是一种境界。在处理人与人之间的矛盾时，懂得低头，那是君子怀仁的风度，是创造和谐社会的必备品格；在处理人与社会的矛盾时，懂得低头，那是闪光的理性人生，是取得共赢的光明之路；在处理人与自然的矛盾时，懂得低头，那是避免盲目蛮干的镇静剂，是实现人与自然和谐共处的有效途径。

要敢于低头，就必须知道低头需要勇气。面对别人的批评时，我们要勇敢地承担责任，接受教训；面对强大的敌人和困难时，我们同样需要避其锋芒，保存实力，以图再战。

不是所有人都能学会低头、懂得低头和敢于低头。现实生活中，总有那么一些人缺乏低头的勇气，结果不是碰壁，就是触网。其实，低一低头，多给自己一次机会，岂不是更好？

低头是一种智慧，低头是一种能力，它不会使你的人生格局变小，相反，会使你的人生格局越来越大。有时，稍微低一下头，你的人生之路会走得更精彩。

自满导致毁灭，谦虚打造未来

俄国的列夫·托尔斯泰做了一个很有意思的比方："一个人就好像一个分数，他的实际才能好比分子，而他对自己的估价好比分母，分母越大，则分数的值越小。"真正的谦虚，是自己毫无成见，思想完全解放，不受任何束缚，对一切事物都能做到具体问题具体分析，采取实事求是的态度，正确对待；对于来自任何方面的意见，都能听得进去，并加以考虑。这样的人能做到在成绩面前不居功，不重名利；在困难面前敢于迎难而上，主动进取。他们的谦虚并不是卑己尊人，而是对自己的一种尊重。

有一次，孔子带领众弟子去参观鲁桓公的庙宇，发现了一种叫作"溢满"的容器，这种圆形容器倾斜而不易放平。孔子不解地问守庙人，守庙人说："这是君王放置在座位右边的一种器具。当它空着的时候就会倾斜，装入一半水时就正立着，灌满了就翻倒过来。"

于是孔子就回头叫一个弟子往容器内灌水，果然是在水灌满的时候容器就翻倒过来了。孔子感慨地说："不错！哪有满而不翻的道理呢！"针对这种现象，孔子又趁机向弟子们讲述了一番做人的道理，即做人一定要谦虚，不能骄傲自满，要像大地一样低调沉稳，承载万物；像大海一样虚怀若谷，容纳百川。

当一个人觉得自己不需要提高的时候，就好像被灌满的容器一样，马上就要倾倒了，自满是一个人成长路上最大的阻碍。我们应当做的就是保持一颗谦虚的心，唤醒自己内心深处对学习的渴望，在工作中不断提升自我，用持续的成长，带给自己持续的成功。

有一个年轻人，由于工作出色，很受董事长的重视，不少人隐隐看出来，他已经被董事长作为接班人在培养。

面对工作上的成就和董事长的支持，这个年轻人变得很高傲，自以为是，对不同意见总是无法接受，导致和其他人的关系急剧恶化，而他并没有察觉到。有一次，董事长在大庭广众之下狠狠批评了他一通。对这突然的打击，年轻人很受不了，甚至当场就哭了。晚上回家后，他准备写辞职信。

但冲动过后，他冷静下来，认真反思自己的行为。最终他想通了，认为董事长对他的批评是对的，在公司里，任何人都没有成绩、都没有过去，一切都只从现在开始，为将来努力。于是年轻人将辞职报告撕毁，写了一份检讨书。

从辞职信到检讨书，年轻人的态度终于由骄傲变得谦虚。一个人不管自己有多丰富的知识，取得多大的成绩，或是有了何等显赫的地位，都要谦虚谨慎，不能自视过高。应心胸宽广，博采众长，不断地丰富自己的知识，增强自己的本领，进而更深刻地认识自己，获得更大的成功。如能这样，则于己、于人、于社会都有益处。

意大利的达·芬奇在《笔记》中感叹道："微少的知识使人骄傲，丰富的知识则使人谦逊，所以空心的谷穗高傲地举头向天，而充实的谷穗低头向着大地，向着它们的母亲。"其实，人们不应为自己已有的知识和成绩感到骄傲，容器的容量是有限的，假如人能够保持谦虚的心态，则人的心胸可以扩展到无限。人们如能谦虚处世，无疑可以掌握更多的知识，取得更大的成绩。做大事者往往能够审时度势，低头挺住，办成自己的事。

低调的人拥有更多的发展机会

能够取得很大成就的人，都是做人的典范。在他们身上积聚的不仅有智慧，更重要的是为人处世的低调作风。

在现实生活中用"藏巧于拙，用晦而明，聪明不露，才华不逞"等韬略来隐蔽自己的行动，可以达到出奇制胜的目的。表现低调些，做事情过于张扬就会泄漏"事机"，就会让对手警觉，就会过早地把目标暴露出来，成为对手攻击和围剿的"靶子"。保护自己的最好方式就是不暴露，尽管这样做可能会有损失，却能够避免很多不可预知的风险。

1998年，华为以80多亿元的年营业额，雄踞当时声名显赫的国产通信设备四巨头之首，势头正猛。而华为的首领任正非不但没有从此加入明星企业家的行列中，反而对各种采访、会议、评选唯恐避之不及，直接有利于华为形象宣传的活动甚至政府的活动也一概坚拒，并给华为高层下了死命令：除非重要客户或合作伙伴，其他活动一律免谈，谁来游说我就撤谁的职！整个华为由此上行下效，全体以近乎本能的封闭和防御姿态面对外界。

2002年的北京国际电信展上，华为总裁任正非正在公司展台前接待客户。一位上了年纪的男子走过来问他："华为总裁任正非有没有来？"任正非问："您找他有事吗？"那人回答："也没什么事，就是想见见这位能带领华为走到今天的传奇人物究竟是个什么样子。"任正非说："实在不凑巧，他今天没有过来，但我一定会把你的意思转达给他。"

有一次，有人去华为办事，晕头转向地换了一圈名片，坐定之后才发现自己手里居然有一张是任正非的，急忙环顾左右，早已不见踪影。有人在出差去美国的飞机上，与一位和气的老者天南地北地聊了一路，事后才被告知那就是任正非，于是懊悔不迭。这些多少有点儿传奇的故事，说明想认识任正非的人太多，而真能认识任正非的人却很少。

正是由于任正非的专注做事、低调做人，才使他有更多的时间和精力打理公司。他每年花大量时间游历全球，在各个发达市场与发展中市场中寻觅机会，在通信设备国际列强间合纵连横，寻觅可用的力量与资源，引领着华为这艘电信行业的巨舰稳健前行。

低调、沉静、务实的"任氏风格"已经融入华为的企业文化之中，这种精神成为华为稳健发展的基石。在工作中，我们也需要这种低调、务实的工作作风。反之，一味出风头，露锋芒不仅阻碍你的进步，也会使你失去更多的发展机会。

王飞是北京某协会的一名普通职员，平时总认为自己有热情、能力超群。某日该协会组织了一次国际论坛，有多国学者参加。为了能让论坛取得圆满成功，协会领导仔细安排了工作，使每个人都有自己的事儿可干。王飞负责的是宾馆安排事务，并没有接洽的职责要求。但当国外来宾到来的时候，王飞认为这是一个自我表现的机会。因为他认为自己的英语比较流利，而接待外宾的小林却显得很一般，于是他便用热情的"中国英语"与外宾打招呼、交谈，并不停地拍对方肩膀以示"鼓励"与"赞扬"，外宾被弄得很尴尬，但又不好吱声，他们不理解对方为何让这个人来接待。

协会的一位领导看到了王飞"忙碌"的身影，赶快把他叫了过来："小王，你过来一下。这边有个事需要你帮忙。"小王被支开以后，大家都松了一口气。

论坛是圆满成功了，但今后协会从上到下对王飞有了"全新"的看法。领导认为他"越权"，同事则背地里觉得他"好显摆"。从此，王飞的人际关系一落千丈，在协会大展身手的机会也很少了。

放低姿态才能够走得更远，成就更大。像故事中的王飞一样，举止轻浮，一味喜欢出风头，是很难取得别人的认可与合作的。

不论你想要取得什么样的成就，低调都是必要的品质。只有低调才能够赢得别人的团结，才能够清醒思考，正确行动；只有低调才能够不断学习，不断超越。实际上，不把自己太当回事，坦诚而平淡地生活，是不会有人把你看成卑微、怯懦和无能的人。如果你老是把自己当作珍珠，乐此不疲地向众人展示自己的智慧和竞争力，那么就时时都有被埋没的危险。

最大的智慧是知道自己无知

有人问苏格拉底是不是生来就是超人，他回答说："我并不是什么超人，我和平常人一样。有一点不同的是，我知道自己无知。"这就是一种谦逊。无怪乎，古罗马政治家和哲学家西塞罗会说："没有什么能比谦虚和容忍更适合一位伟人。"

一颗谦逊的心是自觉成长的开始，就是说，在我们承认自己并不知道一切之前，不会学到新东西。许多年轻人都有这种通病，他们只学到一点点，却自以为已经学到一切，他们把心封闭起来，自以为是万事通。

哲学家卡莱尔说："人生最大的缺点，就是茫然不知自己还有缺点。"因为人们只知道自我陶醉，自以为是、唯我独尊，就会遭到别人的排斥，使自己处于不利地位。

老子用"水"来叙述处世的哲学："上善若水，水善利万物而不争。"意思是说，上善的人，就好比水一样，水总是利万物的，而且水最不善争。水总是往下流，处在众人最厌恶的地方，注入最卑微之处，站在卑下的地方去支持一切。它与天道一样恩泽万物，所以水没有形状，在圆形的器皿中它是圆形，放入方形的容器则是方形。它可以是液体，也可以是气体、固体。这正是我们必须学习的"谦逊"。

谦逊永远是一个人建功立业、开创人生大格局的前提和基础。不论你从事何种职业，担任什么职务，只有谦虚谨慎，才能保持不断进取的精神，才能增长更多的知识和才干。因为谦虚谨慎的品格能够帮助你看到自己与别人的差距。永不自满、不断前进可以使人能冷静地倾听他人的意见和批评，进而完善自己，而骄傲自大、满足现状、停步不前、主观武断的人会使工作受到损失，甚至会使事业半途而废。

　　肖恩是一个刚刚毕业的大学生，不但相貌英俊，而且热情开朗。他决定找一份与人交往的工作，以发挥自己的长处。很快，他就得到一个好机会——一家五星级宾馆正在招聘前台工作人员。

　　肖恩决定去试试。于是第二天清早，他就去了那家宾馆。主持面试的经理接待了他。看得出来，经理对肖恩俊朗的外表和富有感染力的表现相当满意。他拿定主意，只要肖恩符合这项工作的几个关键指标的要求，他就留下这个小伙子。

　　他让肖恩坐在自己对面，开门见山地说："我们宾馆经常接待外宾，所有前台人员必须会说四国语言，这一指标你能达到吗？"

　　"我大学学的是外语，精通法语、德语、日语和阿拉伯语。我的外语成绩是相当优秀的，有时我提出的问题，教授们都支支吾吾答不上来。"肖恩回答说。事实上，肖恩的外语成绩并不突出，他是为了获取经理的信赖而标榜自己。显然，他低估了经理的智商。事实上，在肖恩提交自己的求职简历时，公司已经收集了有关的详细信息，其中包括肖恩的大学成绩单。

　　听了肖恩的回答，经理笑了一下，但显然不是赏识的笑容。接着他又问道："做一名合格的前台人员，需要多方面的知识和能力，你……"经理的话还没说完，肖恩就抢先说："我想我是不成问题的。我的接受能力和反应能力在我所认识的人中是最快的，做前台绝对会很出色。"

听完他的回答，经理站了起来，并且严肃地对他说："对于你今天的表现，我感到很遗憾，因为你没能实事求是地说明自己的能力。你的外语成绩并不优秀，平均成绩只有70分，而且法语还连续两个学期不及格；你的反应能力也很平庸，几次班上的活动你都险些出丑。年轻人，在你想要夸夸其谈时，最好给自己一个警告。因为每夸夸其谈一次，诚实和谦逊都要被减去10分。"

在我们的生活中，像肖恩这样的人并不少见。很多人只知吹嘘自己曾经取得的辉煌，夸耀自己的能力、学识，以为这样就可以博得别人的好感和赞扬，赢得别人的信任，但事实上，他们越是吹嘘自己，越会被人厌烦；越夸耀自己的能力，越受人怀疑。

俄国作家契诃夫说："人应该谦虚，不要让自己的名字像水塘上的气泡那样一闪就过去了。"即使拥有广博的知识、高超的技能、卓越的智慧，但没有谦虚的态度，他就不可能取得灿烂夺目的成就。永远记住："伟人多谦逊，小人多骄傲，太阳穿一件朴素的光衣，白云却镶上了华而不实的裙裾。"

敢于承认自己不如人

中国人常说："人活一张脸，树活一层皮。""面子"在我们的传统道德观念中的地位可见一斑。可以说，中国社会对人的约束主要就是廉耻和脸面，然而若因此就固执地以"面子"为重，养成死要面子的人生态度却不是件好事。

执着，让我们赢得了通往成功的门票，而固执，让我们在死守自己强势死不认输时，却输掉了整个人生。所以，正确剖析自己，敢于承认技不如人，放下不值钱的面子，走出面子围城，这不是软弱，而是人生的智慧。

有一个人做生意失败了，但是他仍然极力维持原有的排场，唯恐别人看出他的失意。为了能重新振作起来，他经常请人吃饭，拉拢关系。宴会时，他租用私家车去接宾客，并请了两个钟点工扮作女佣，佳肴一道道地端上，他以严厉的眼光制止自己久已不知肉味的孩子抢菜。

虽然前一瓶酒尚未喝完，他已打开柜中最后一瓶XO。当那些心里有数的客人酒足饭饱告辞离去时，每一个人都热情地致谢，并露出同情的眼光，却没有一个人主动提出帮助。

希望博得他人的认可是一种无可厚非的正常心理，然而，人们在获得了一定的认可后总是希望获得更多的认可。所以，人的一生就常常会掉进为寻求他人的认可而活的爱慕虚荣的牢笼里，可以说面子左右了他们的一切。

林语堂先生在《吾国吾民》中认为，统治中国的三女神是"面子、命运和恩典"。"讲面子"是中国社会普遍存在的一种民族心理，面子观念的驱动，反映了中国人尊重与自尊的情感和需要，但过分地爱面子如果任其演化下去，终将得不偿失。

有一个博士分到一家研究所，成为学历最高的一个人。

有一天他到单位后面的小池塘去钓鱼，正好正副所长在他的一左一右，也在钓鱼。他只是朝他们微微点了点头，这两个本科生，有啥好聊的呢?

　　不一会儿,正所长放下钓竿,伸伸懒腰,"蹭蹭蹭"在水面上如飞般走到对面上厕所。博士眼睛睁得都快掉下来了。水上漂?不会吧?这可是一个池塘啊。正所长上完厕所回来的时候,同样也是"蹭蹭蹭"地从水上"漂"回来了。怎么回事?博士生又不好去问,自己是博士生哪!

　　过了一阵,副所长站起来,走几步,也"蹭蹭蹭"地"漂"过水面上厕所。这下子博士更是差点儿昏倒:不会吧,到了一个江湖高手集中的地方?博士也内急了。这个池塘两边有围墙,要到对面厕所非得绕10分钟的路,而回单位上又太远,怎么办?博士生也不愿意问两位所长,憋了半天后,也起身往水里跨:我就不信本科生能过的水面,我博士生不能过。只听"咚"的一声,博士生栽到了水里。

　　两位所长将他拉了出来,问他为什么要下水,他问:"为什么你们可以走过去呢?"两位所长相视一笑:"这池塘里有两排木桩子,由于这两天下雨涨水正好在水面下。我们都知道这木桩的位置,所以可以踩着木桩子过去。你怎么不问一声呢?"

　　上面的这个例子再经典不过了,一个人过于爱惜面子,难免会流于迂腐。"面子"是"金玉其外,败絮其中"的虚浮表现,刻意地张扬面子,或让"面子"成为横亘在生活之路上的障碍,终有一天会吃到苦头。因此,无论是人际关系方面还是在事业上,我们都不要因为小小的面子,为自己的生活带来不必要的麻烦和隐患。其实"面子观"是一种死守面子、唯面子为尊的价值观念和行事思想。

"面子观"对我们行事做人有很大的束缚。因此，在不利的环境下我们要勇于说"不"，千万别过多地考虑"面子"，使自己陷入"面子观"的怪圈之中。

事实上，我们没必要为了面子而固执地使自己显得处处比别人强，仿佛自己什么都能做到。每个人都有缺陷，不要试图在每一方面都在人上。聪明的人，敢于承认自己不如人，也敢于对自己不懂的事说不，所以，他们自然能赢得一份适意的人生。

用业绩证明自己而非锋芒毕露

在人的一生中，构成自身根基的事不外乎两件：一件是做人，一件是做事。的确，做人之难，难于从躁动的情绪和欲望中稳定心态；成事之难，难于从纷乱的矛盾和利益的交织中理出头绪。而最能促进自己、发展自己和成就自己的人生之道便是：低调做人，高调做事。

低调做人，包括姿态上的低调、心态上的低调和行动上的低调。在工作和生活上的表现主要是不恃才自傲。

恃才自傲是许多人的通病，不可否认，有些人确实具有很高的天赋和能力，但在羽翼未丰之前必须经过一段时间的磨炼，心态才能放平，才能沉得住气，避免浮躁——这无论是对工作还是生活都是大有裨益的。

孙兴是某名牌大学毕业生，毕业后，他被一家大公司录用分配到了营销部当推销员。因为这家公司生产的健身器材很畅销，推销员都是按销售业绩计算收入，尽管孙兴是个新手，但他吃苦耐劳、聪颖好学，一年下来，得到的薪金比其他部门的员工多出好几倍，由此，他也就下定决心在营销部干下去。

时间长了，他渐渐发现了营销部一些工作上的疏漏，管理的不规范，因此，他除了不断加强与客户的联系外，还把心思用到了营销部的管理上，经常向经理提出一些意见，希望凭借自己的才能得到上司的赏识。孙兴发现营销部墙上的组织结构图表中有一名副经理，可他到营销部已近半年，却从未见过副经理。

随后，孙兴通过打听了解到，营销部经理的薪金高过副经理，副经理的薪金也高过推销员几倍，于是，他萌发了当营销部副经理一职的想法。想了就干，"初生牛犊不怕虎"嘛，有抱负又何惧众所周知？于是在一次营销部全体员工会议上，他坦陈了自己的想法，经理当众表扬并肯定了他。可没想到，自那次会议后，孙兴的处境却越来越被动了。他初来乍到，并不知道那个副经理之职，已有许多人在暗中等待和争夺，迟迟没有定下来的原因就在于此。而孙兴的到来，开始并未引起人们的关注，因为他只是个新员工，羽翼未丰，但时间一长，他频频问及此事，又加之他有学历，人们便感到他的威胁了。这次他又公然地要争这个职位，大家越看他越可恶，一时间，控告他的材料堆满了经理的办公桌，什么孙兴不讲内部规定踩了我客户的点；他泄露了我们的价格底线；他抢了我正在谈判中的生意……这些控告中的任何一项都是一个推销员所承受不了的。于是，为了安定部里的情绪，不致影响营销任务，不久，孙兴也就"心不甘，情不愿"地离开了该公司。

孙兴的遭遇对于许多人来说，实在是一堂生动的教育课。是的，

"志当存高远"，一个年轻人，志向就应该远大高尚。但是，如果自恃有远大抱负，就目空一切，咄咄逼人，那只会招来更多人的厌恶、鄙视和攻击。失去了别人的支持和帮助，再大的志向、再高的才能又有什么用呢？倒不如把这些高远的志向埋在心里，沉住气，低调做人，高调行事，这样一来，既避免了纷争，又便于立身、处世，实在是大有裨益。

那些锋芒毕露，沉不住气，一味夸夸其谈、卖弄张扬的人，其实是典型的外强中干，他们的傲慢恰恰证明了他们并不是真正的强者，正因为心虚，所以才急不可耐地要袒露自己，向世界宣告自己并非弱者，而是强者。

其实，真正有内涵、有实力的人却不这样，他们看上去往往不显山不露水，很是平凡，但其实胸怀大谋略、大胆识；他们对外不开罪于人，对内不放松自我的修炼与提升，这样的人，虽不要求鲜花和掌声，但他们所得到的，毫无疑问必然是鲜花和掌声。

保华现在是堪斯亚建筑工程公司的执行副总裁，几年前他是作为一名送水工被堪斯亚的一支建筑队招聘进来的。保华并不像其他的送水工那样把水桶搬进来之后就一面抱怨工资太少一面躲到墙角抽烟，他把每一个工人的水壶倒满水，并在工人休息时缠着他们讲解关于建筑的各项工作。很快，这个勤奋好学的人引起了建筑队长的注意。两周后，保华当上了计时员。

当上计时员的保华依然勤勤恳恳地工作，他总是早上第一个来，晚上最后一个离开。由于他对所有的建筑工作如打地基、垒砖、刷泥浆等都非常熟悉，当建筑队的负责人不在时，工人们总喜欢问他。

一次，负责人看到保华默默地把旧的红色法兰绒撕开包在日光灯上，以解决施工时没有足够的红灯照明的困难，负责人便决定让这个勤恳又能干的年轻人做自己的助理。

现在保华已经成为了公司的副总裁，但他依然很低调，特别专注于工作，从不说闲话，也不参与到任何纷争中去。他鼓励大家学习和运用新知识，还常常拟计划、画草图，向大家提出各种好的建议。只要给他时间，他可以把客户希望他做的所有事都做好。

保华没有什么惊世骇俗的才华，他只是一个穷苦的孩子，一个普普通通的送水工，但是凭着勤奋的美德，靠业绩出头，一步步成长为一个受人尊敬的人。

人往高处走，水往低处流。沉下心，用业绩证明自己而非锋芒毕露，这是一个人走向成功与卓越的正向逻辑。因此，开始时的低调卑微并不是低贱和耻辱，而是抵达尊贵的必要过程。

第十三章

沉住气，放长线才能钓大鱼

　　沉住气，虽说是个心态问题，其实也包含了做人做事的大智慧。做事知方圆，做人要通达。沉住气，不焦躁，一副和光同尘、宠辱不惊之状，反而更利于化解人际摩擦，创造和谐人际，集中精力引导事态向良性方向发展。

为人之道：方中有圆，圆中有方

　　方中有圆，圆中有方，是为人的因果律，又是大自然的法则。《易经》中说："天行健，君子以自强不息。"又："地势坤，君子以厚德载物。"在这里，圆，象征着运转不息、周而复始的天体；方，象征着广大旷远、宽厚沉稳的地象。

　　北京有个著名的天坛公园。公园分东、西、南、北四门，四四方方。园内主体建筑是祈年殿，整个大殿呈圆形：圆基座，圆柱体，浑圆顶。可谓外方内圆的典型建筑，天圆地方的匠心设计。

　　方中有圆，是指在纷纭变化的现象中能不忘本质；在表现个性的同时不忘共性；在静态中不忘动态；在坚持原则的同时不排除适当的灵活性；在遵守道德规范和礼仪、保持文化修养的同时又不失自己的天真和本色。

为人完全没有规矩，没有文化修养，固然有天然之美，但却失去了文化素养。而能在高度的道德、文化素养中体现出自己的出色，则是更高一个层次。所谓"唯大英雄能显本色"，这是从正面讲"方内容圆"。从反面讲，方内容圆是指不刻板，不钻牛角尖。在总体上、大方向上讲原则，但也不排除在特定的条件下灵活变通。

美国成人教育专家戴尔·卡耐基是处理人际关系的"老手"，然而早年时，他也犯过小错误。有一天晚上，卡耐基参加一个宴会。宴席中，坐在他右边的一位先生讲了一段幽默故事，并引用了一句话，意思是"谋事在人，成事在天"。那位健谈的先生提到，他所引用的那句话出自《圣经》。然而，卡耐基发现他说错了，他很肯定地知道出处，一点儿疑问也没有。

为了表现优越感，卡耐基很认真地纠正了过来。那位先生立刻反唇相讥："什么？出自莎士比亚？不可能！绝对不可能！"那位先生一时下不来台，不禁有些恼怒。

当时卡耐基的老朋友法兰克·葛孟坐在他的身边。葛孟研究莎士比亚的著作已有多年，于是卡耐基就向他求证。葛孟在桌下踢了卡耐基一脚，然后说："戴尔，你错了，这位先生是对的。这句话出自《圣经》。"

在回家的路上，卡耐基对葛孟说："法兰克，你明明知道那句话出自莎士比亚。""是的，当然。"葛孟回答，"在《哈姆雷特》第五幕第二场。可是亲爱的戴尔，我们是宴会上的客人，为什么要证明他错了？那样会使他喜欢你吗？他并没有征求你的意见，为什么不圆滑一些，保留他的脸面呢？"

一些无关紧要的小错误，放过去，无伤大局，那就没有必要去纠正它。这样做不仅是为了自己避免不必要的烦恼和人事纠纷，而且也顾及到了别人的名誉，不致给别人带来无谓的烦恼。这样做，并非只是明哲保身，更体现了你处世的度量。

而圆中有方，从人生的原则性和灵活性上讲，是指特定条件下的一种处世方法。尤其是在乱世、困境、险境之中，人不能事行直道，不得不小心谨慎，讲究权变。有时为了大的原则、大的利益而不得已牺牲或违背小的原则、小的利益。比如《论语》中孔子对管仲的评价。

管仲原来是辅佐公子纠的。公子纠和齐桓公是兄弟，也是政敌。齐桓公杀了公子纠，管仲不但没有为公子纠殉死，反而给齐桓公当了宰相。有人说管仲不仁，孔子说，管仲这个人是很了不起的。他帮齐桓公九合诸侯，没有使用武力，使天下得到了安定，老百姓如今还受到他的恩惠。如果没有管仲，我们今天很可能都成了野蛮人了。他为天下和国家做出了这么大的贡献，不是一个只知道自己上吊，倒在水沟里默默无闻，白白死去的普通老百姓所能比的。

管仲为齐桓公做事，对公子纠来说是不忠、不仁、不义，从个人处世的角度讲是圆而不方。但是，他为天下国家做出了贡献，为天下百姓尽了大忠、大仁、大义，可以说是圆中有方，没有违背天下的大忠、大仁、大义原则。所以，孔子不但没有否定他，还充分肯定了他的伟大功绩。

《庄子·天下篇》中说："矩虽然可以用来画方，但是矩本身却不是方的，所以说矩不可以为方；规虽然可以用来画圆，但规本身却不是圆的，所以说规也不可以为圆。"《算经》中说："方中有圆者，谓之圆方；圆中有方者，谓之方圆。"古人说明了可方可圆的道理。

可方可圆，是为人处世的最高境界。做人也要效法天地，像天那样生生不息，大公无私；像地那样厚朴笃实，宽厚待人。纵观世界历史，大凡能成就伟业者，无不是深谙做人之道。知道做人何时应该进，何时应该退，何时应该发脾气，何时应该深藏不露。那些成大事者，多是方圆通达，在危难时刻总能把做人的机智技巧运用得淋漓尽致的人。其实做人没有什么法则可循，但做人的戒律却一定不能违背。在为人处世中，有些人不管不顾、自私自利、刻薄尖锐，斤斤计较，这种人肯定不受欢迎，做人也是失败的。

凡事要恰到好处

没有谁可以孤立地生活在这个社会，就算是如今的"宅"一族，平日的生活也离不开与人接触。与人接触无外乎是为人处世，只要把握好适度的原则，就能平心静气地行走在这人世间。把握好为人处世的度，这也是成就大业必要的条件之一。

孔子有弟子三千，其中优秀者七十二人，他能广收门徒不仅因为他在学识学问上给人指导，更因为在为人处世上能给人指点。孔子不仅是他的学徒们求学过程中的导师，更是人生的导师。在为人处事上，孔子能做到不越线，他能分辨做人做事的界限。

孔子的学生子贡向孔子求学，问孔子："先生，您认为子夏和子张相比，在为人处事上，哪一个要好一些？"

孔子回答："子张做事情总是做过头，子夏做事有欠缺。"

子贡又追问道："老师，那您认为谁更好一些呢？"

孔子听后只回答了四个字："过犹不及。"

表面来看，似乎孔子认为做事做过头，不如做得不够火候。宁可达不到那个所谓的度，也不要越线。实际上，孔子的意思是无论是过度还是欠缺都不好，最妙的是要恰到好处。恰到好处说起来容易，做起来难。中国自古奉行中庸之道，中庸的思想就在于凡事要恰到好处，为人处世过犹不及。

对于人而言，不可能面面俱到，也不可能毫无优点，做人做事总有些时候过于执着。然而，要想成大业，要想出人头地就要学会辨识做事的度，把握好自己的内心。只有自己内心平静，遇事能沉住气冷静判断，才能做事恰到好处。

一天，子夏向孔子请教自己的同辈有什么过人之处。孔子回答道："颜回为人诚信，子贡思维敏捷，子路胆大过人，子张成熟稳重。这四个人在他们突出的领域都远远胜于我。"

听到孔子的回答，子夏十分诧异。他又问道："先生，既然这四个人超越了您，为什么他们还甘愿拜您为师，向您学习请教为人处世的方法呢？"

孔子听后微微一笑，缓缓地解答子夏的疑惑："在我的众多弟子中，这四个人确实格外优秀。颜回的诚实值得称赞，但有时候过分的诚实就是迂腐了。子贡思维敏捷，但不知道这世上太过锋芒毕露容易招人嫉妒，惹来灾祸。子路胆大过人，却不知道世上还有可惧怕之事，有时候过于莽撞反而要吃亏。子张成熟稳重，为人严肃，却不知道在与人交往中要保持适度的亲近，不然会让人敬而远之。正因如此，他们四人才会拜于我门下，学习如何为人处世。"

孔子的话道出了四位高徒追随他的原因。即便在各项德行中，他的门徒都有过人之处，却不知道过犹不及的危害，需要向孔子这位做事恰到好处的老师诚心诚意地学习。在如今的社会，我们很难像子路、颜回、子张等人追随一位伟大的老师，通过其言传身教潜移默化地改变自己，让自己变得完善。所以，要想分辨为人处世最适当的度，只能依靠自己。虽然，我们能够通过学习他人的成功经验来领悟做事为人之妙，但道理不如实践，自己的亲身体验往往最为有效。除此之外，我们还要懂得总结自己失败的原因，在人生路上边实践边完善自我。

就拿接人待物的"礼"字来说，中国自古有句名言叫"礼多人不怪"，然而这句话在如今的社会中却并不十分适用。礼貌待人是必需的，但过分热情同样会起到相反的效果，有时多礼变成无礼，会引起别人的不满。

有一个小伙子大学毕业后进入一家公司上班，初入职场的他希望自己能有个好人缘，所以遇到同事都十分热情，每次都打招呼，为人也很和气。发了工资后，小伙子更是觉得应该用实际行动来表明自己对同事和领导在工作上给予帮助的感激之情。于是，小伙子时不时请同事吃饭，逢年过节或者同事有喜，都自发备上一些小礼物送给同事，除此之外，他还经常去领导家帮忙做家务，或者时常走动一下。小伙子觉得自己做得十分到位，心里也特别高兴。

谁知道没过多久，领导开始找他谈话，问他是不是对现在的位置有什么不满。原来，他的过分热情和厚道让领导和同事起了戒心，以为小伙子有所图谋。原本只是想和同事打成一片的小伙子，顿时哑口无言，只能吃闷亏。从此之后，小伙子意识到："礼"也要做到恰如其分，才能发挥其特有的效果。

虽然人际交往讲求的就是"礼数"二字，然而过分的客套和热情都会让人心生疑惑，做得多了并不见得是件好事，反而会像上面的小伙子一样，被别人误会为急功近利之徒，还只能哑巴吃黄连，有苦说不出。中国自古奉行的中庸之道中的"中"，说的就是要恰到好处。正如朱熹在解释"中庸"二字时说的，所谓中庸就是无过，无不及。

在一个需要与人交流的社会，无论做事做人都要沉住气，把持好心中的度，做到无过，无不及，恰到好处。如果能做到这一点，相信无论你面对怎样的困境和难题，都能在自身的努力和别人的帮助下，顺利过关。要想走向成功，也需要别人的助力，能够更好地与他人打交道，为人处世都能做到恰到好处，相信你一定能借力扶摇而上，成为一位成功人士。

凡事避免正面冲突

俗话说"不打不成交"，但古往今来又有几个好友是因为巨大的冲突结为莫逆的？与人正面冲突，不仅会引发误会，结下仇怨，还会对追求成功有害无益。人和人之间总会有矛盾存在，但更需要的是彼此互助。当矛盾激化，双方陷入冲突之中，彼此互助就好像是妄言一般可笑。所以，在日常生活中凡事都要沉住气，三思而后行，尽量避免和别人正面接触。

在人际交往中，无论是以卵击石还是两虎相争，最终的结果都是有所损失，所以，何必因为一时的长短为自己的成功之路搬来一块巨大的路障。退一步海阔天空，多一个朋友总好过多一个敌人。可偏偏有人不懂得这样的道理，直到吃亏才意识到当时的意气之争有多可笑。

小王是位名牌大学的毕业生，年轻有为。他在信息公司工作才两年，就因在业务上的突出表现被调到公司的重要部门——策划部。策划部不仅由老总直接领导，还是公司中培养领导的地方，许多部门经理都在这里历练一番，才被提升到经理的位置。小王当时认为自己成功的机遇就在眼前了，仿佛只要自己再努力一下，就能获得升迁的机会。

不过在策划部有一个土霸王——老张。这个老张可是个厉害人物，他是当年公司创立时的元老之一，是整个策划部资格最老的人，连公司的老总也要卖他几分面子。这个老张仗着自己资格老、经验丰富排挤了许多年轻有为的人。不过小王却丝毫没把老张放在眼中，凭他一个大学毕业的高材生，又善于处理人际关系，怎么会在意作威作福的老张。所以，在小王调入策划部的那天起，他就把老张视为自己的对手。部门开会讨论时，只要老张一开口，即便别人不吭声，他也敢提出反对意见。

小王眼见着自己在策划部的工作风生水起，工作能力也被同事认可了，他认为自己十有八九能取代老张的位置。可是他怎么也没料到后来发生的一切。

　　一天，老张领了一个人让小王帮忙安排工作，不放弃任何一个打击老张机会的小王，自然对那人冷嘲热讽一番，还鸡蛋里挑骨头习难了很久。可第二天，他就接到了一张调令，小王的打算全部落空，他居然被调到了一个无关紧要的部门。这突如其来的一切，让小王有些不知所措。几经打听他才知道，原来当初老张带来让他安排工作的人居然是公司董事长的熟人。老张设了个局，故意不让他知道安排工作是董事长的主意，从而让自己失去了领导的信任。原本即将升迁的小王就这样失掉了自己的前程。

　　小王自以为高人一等能够取而代之，谁知道老张技高一筹，害得小王自己葬送了自己的前程。不论是否是你的竞争对手，都不要随意得罪他人，即便你的作为获得了其他人的敬佩，但却全是无用之功，无法为你带来任何实际利益。倘若小王不先自以为是地向老张发起正面挑战，或许他就能把握住升迁的机会，又或许在小王与老张的正面冲突中，他能够沉住气，冷静应对理智思考，也就不会因此暴露自己的缺点和弱点，被有心之人利用。

　　不过，这世上没有那么多的或许，事情一旦发生，亡羊补牢也无济于事。我们在人际交往中，无法判断对方究竟是君子还是小人，也无法得知又有谁在暗中盯着自己准备算计，所以凡事小心为上。即便你比对手强大很多，也不要和对方发生正面冲突，没准那是别人刻意伪装的假象和布置的陷阱。要想成功，在人际关系中就要尽量地求同存异，保护好自己。即使遇到别人的挑衅也要沉住气，理智分析，相信这样一来你肯定能顺利地走向成功，迎来自己的辉煌。

做事先做人，拥有好人品

做事先做人，这是亘古不变的道理。如何做人，不仅体现了一个人的智慧，也体现了一个人的修养。一个人不管多聪明，多能干，背景条件有多好，如果不懂得做人，人品很差，那么，他的事业将会遇到不小的阻碍。

只有先做人才能成大事，这是古训，先人早就强调了"做人为先"的重要性。中国儒家学派代表人物孔子的思想可以说是中国几千年文化底蕴的沉淀，他告诉我们"子欲为事，先为人圣""德才兼备，以德为首""德若水之源，才若水之波"。

我们从小到大，有关做人的道理耳熟能详。然而，品性优劣却人各有异，做事的结果也大相径庭，任何失败者的失败都不仅仅是偶然；同样，任何成功者的成功都有其必然性，其中重要的一个因素就是会做人，以及拥有良好的人品。

美国加州的数码影像有限公司需要招聘一名技术工程师，有一个叫史密斯的年轻人去面试，他在一间空旷的会议室里忐忑不安地等待着。不一会儿，有一个相貌平平、衣着朴素的老者进来了，史密斯站了起来。那位老者盯着史密斯看了半天，眼睛一眨也不眨。正在史密斯不知所措的时候，这位老人一把抓住史密斯的手说："我可找到你了，太感谢你了！上次要不是你，我可能就再也看不到我女儿了。"

"对不起，我不明白您的意思。"史密斯一脸迷惑地说道。

"上次，在中央公园里，就是你，就是你把我失足落水的女儿从湖里救上来的！"

老人肯定地说道。史密斯明白了事情的原委，原来他把自己错当成他女儿的救命恩人了："先生，您肯定认错人了！不是我救了您女儿！"

"是你，就是你，不会错的！"老人又一次肯定地说。

史密斯面对这个对他感激不已的老人只能做些无谓的解释："先生，真的不是我！您说的那个公园我至今还没去过呢！"

听了这句话，老人松开了手，失望地望着史密斯说："难道我认错人了？"

史密斯安慰老人："先生，别着急，慢慢找，一定可以找到您女儿的救命恩人的！"

后来，史密斯接到了录用通知书。有一天，他又遇见了那个老人。史密斯关切地与他打招呼，并询问他："您女儿的救命恩人找到了吗？""没有，我一直没有找到他！"老人默默地走开了。

史密斯心里很沉重，对旁边的一位司机师傅说起了这件事。不料那司机哈哈大笑："他可怜吗？他是我们公司的总裁，他女儿落水的故事讲了好多遍了，事实上他根本没有女儿！"

"噢？"史密斯大惑不解。那位司机接着说："我们总裁就是通过这件事来选拔人才的。他说过有德之才才是可塑之才！"

史密斯就兢兢业业地工作，不久就脱颖而出，成为公司市场开发部总经理，一年为公司赢得了 3500 万美元的利润。当总裁退休的时候，史密斯继任了总裁的位置，成为美国家喻户晓的财富巨人。后来，他谈到自己的成功经验时说："一个有才德的人，绝对会赢得别人永久的信任！"

世间技巧无穷，唯有德者可用其力；世间变幻莫测，唯有人品可立一生！这就是作为一个成功人士或希望成为一个成功人士应该具备的优秀品质：做事先做人。

故事中的史密斯面对老者的"错认"，他完全可以"将错就错"，反正这是一桩好事，况且又是老者主动认自己为女儿的救命恩人，自己完全可以接受这一美誉，此事也可能给自己的求职助一臂之力。然而，正直、诚实的史密斯却没有这样做，他一口否认了这个事实，由此也凭借高尚的德行征服了公司总裁，后来通过自己的努力最终脱颖而出，不断升迁，直至登上公司的最高位置。

由此可见，在追求成功的道路上，做人的重要性、道德的重要性、人品的重要性有多大。如果当初史密斯昧着良心将美誉揽到自己身上，也就不可能跨进数码影像有限公司了，更不可能成为公司的最高领导者。那样岂不是太令人遗憾了吗？

《左传》中说："太上有立德，其次有立功，其次有立言，传之久远，此之谓不朽。"最上等的，是确立高尚的品德；次一等的，是建功立业；较次一等的，是著书立说。如果这些都能够长久地流传下去，那就是不朽了。此处所说的"立德"，便是指会做人，拥有好的人品。

良好的人品，是人生的桂冠和荣耀。它是一个人最宝贵的财产，它构成了人的地位和身份本身，它是一个人在信誉方面的全部财产。人品，使社会中的每一个职业都很荣耀，使社会中的每一个岗位都受到鼓舞。它比财富、能力更具威力，它使所有的荣誉都毫无偏见地得到保障。

品行不佳的人，在这个世界上会丧失很多机会。管理学上有一种"中庸"理论，意思是任何一个想要稳步发展的组织，都要划分出三个档次，首先是德才兼备，其次是德高才中，最后才是德才中等，唯一不可用的是有才无德的人，因为这样的人极其危险。正如《三国演义》中的吕布，能征善战，英勇无敌，但品格低下，先认丁原做义父然后杀丁原，后认董卓做义父然后杀董卓，最后被曹操抓起来，再也不敢用他，只得把他杀掉。

在人生道路上，不管你是用人还是为人处世，都要牢记"做事先做人"这句箴言，沉住气，不要着急做大事，而要踏踏实实修炼自己的品格。只有这样，才能真正走上正确的人生之路。

沉住气，学会运用博弈思维

人的一生中，需要解决的事情有很多，有时会面临多个目标的抉择，如何确定哪个是最主要的目标，哪个是次要的，哪个是无关紧要的，这是一个十分复杂的问题。这个时候，就需要沉住气，静下心来，运用博弈的思维确定最主要的目标，相应调整自己，才能让自己投入最主要的精力和时间去实现这个目标。

什么是博弈？博弈听起来高深莫测，但还是很好理解的，那就是每个博弈者在决定采取行动时，不但要根据自身的利益和目的行事，而且要考虑到自身的决策行为对其他人可能产生的影响，以及其他人的行为对自身可能产生的影响，通过选择最佳行动计划，寻求收益或效用的最大化的过程。也就是说，要在估计对方采取何种策略的基础上选择适合自己的策略。

人生充满博弈，若想在复杂的社会中做一个强者，就必须懂得运用博弈。

海瑞做知县时，正是嘉靖的宠臣严嵩当权时期，严嵩权倾天下，海瑞的顶头上司浙江总督胡宗宪，是严嵩的同党，胡宗宪仗着自己有后台，到处敲诈勒索，谁敢不顺他心，谁就倒霉。

有一次，胡宗宪的儿子带了一大批随从经过淳安，住在县里的驿站。在淳安县，海瑞立下一条规矩，无论达官显贵，一律按普通官员标准招待。胡公子养尊处优惯了，看到驿吏送上来的饭菜，认为是有意怠慢自己，气得掀了饭桌，喝令随从把驿吏捆绑起来，倒吊在梁上。驿站里的差役赶快报告海瑞。海瑞知道胡公子招摇过市，本来已经感到厌烦，现在竟吊打起驿吏来，就觉得非管不可了。海瑞听完差役的报告，装作镇静地说："总督是个清廉的大臣。他早有吩咐，要各县招待过往官吏，不得铺张浪费。现在来的那个花花公子，排场阔绰，态度骄横，不会是胡大人的公子。一定是有坏人冒充公子，到本县来招摇撞骗。"于是，他立刻带了一大批差役赶到驿站，把胡宗宪的儿子及其随从统统抓了起来，带回县衙审讯。一开始，胡公子仗着父亲的官势，暴跳如雷，但海瑞一口咬定他是假冒胡公子，还说要把他重办，他才泄了气。海瑞又从他的行装里，搜出几千两银子，统统没收充公，还把他狠狠地教训一顿，撵出县境。等胡公子回到杭州向他父亲哭诉的时候，海瑞的报告也已经送到巡抚衙门，说有人冒充公子，非法吊打驿吏。胡宗宪明知道儿子吃了大亏，但是海瑞信里没牵连到他，如果把这件事声张出去，反而失了自己的颜面，就只好打落门牙往肚子里咽了。

在这件审讯上司"假公子"的事件中，海瑞掌握了博弈的主动权，因为胡公子把事情闹得太大，到了非处理不可的地步，所以，在处理与睁一只眼闭一只眼的选择中，海瑞只能选择处理。好在他机智地把握了一个前提，就是一口咬定上司是好人，此人招摇撞骗，绝非上司公子。这实际上也是设计了一个难题给上司：承认他是自己的儿子，损伤自己的威严；不承认他是自己的儿子，伤害了儿子的利益。好在这位胡总督是一位丢车保帅的高手，两相权衡，反正海瑞已经该打的打了，该没收的没收了，儿子的利益已经受到损害，也就假戏真做，把真公子当假少爷给处理了。

天地之间有一张极大的棋盘，世间的每一个人都是一名棋手。人生中的每一种行为都是在这张看不见的大棋盘上布一颗子，精明慎重的棋手能够沉住气，善于揣摩，走出变化万端的棋局。

在现代社会，不懂得博弈论的人，就像夜晚走在陌生道路上的行人，永远不知道前方哪里有障碍、沟坎，只是一路靠自己摸索下去，将成功、不跌倒、不受挫的希望寄托在幸运、猜测及有限理性上。而懂得博弈论并能将这种理论运用娴熟的人，就仿佛同时获得了一盏明灯和一张地图，能够看清脚下和未来的路，掌握前进的主动权。

成大事者必善谋于众

汉高祖刘邦在平定天下以后，设宴款待群臣。席间，他对群臣说："运筹帷幄，决胜千里之外，朕不如张良；治国、爱民和用兵，萧何有万全的计策，朕也不及萧何；统帅百万大军，百战百胜，是韩信的专长，朕也甘拜下风。但是，朕懂得与这三位天下人杰合作，所以朕能得到天下。反观项羽，连唯一的贤臣范增都团结不了，这才是他失败的原因。"

这给我们以另一层深刻的启迪。在从做事到成事的过程中，单靠个人单枪匹马已很难奏效，往往需要人才的协同作战和多学科的交汇。即使是天才，也不可能精通所有的领域，没有人会成为所有专业的全才。所以要想成事，就必须善于借用别人的优势。"三个臭皮匠，胜过一个诸葛亮。"平庸的人"借用"了别人的优势，可使事情做得更周到。换句话说，只有 60 分能力的人，会因为借用了别人的优势而做出 80 分以上的成绩。

即使是天才人物也不可能样样精通。因此，成大事者要善于借用别人的智慧，把它转化成自己的智慧。在借用别人智慧的过程中，得到灵感和启发，使自己得到提升。

当今世界，对于想取得成功的人来说，已经不仅仅需要个体的努力，还需要知识的高度集结来作为成功的基石。因此，你越是善于从群体中求知，越是不断地开拓新的求知领域，你就越有益于人与人之间的优势互补，从而你的智能结构就越完美，越富有应变能力，进而越能够应付变化繁复的现实状况。

成功者都善于借用别人的力量和智慧。像有些公司老总就专门聘用职业经理人，做重大决策之前必先开会讨论，遇有特殊事情，必找专家研究，这就是在借用别人的智慧。

而借用别人的力量和智慧来做事，不仅可以把事情做得又快又好，还可以避免主观、武断。即使有人认为自己才高八斗，虽有别人不能及之处，但也有不及他人之处。

沃尔特·迪斯尼就是深谙其道的一位智者，难怪他能够取得事业上的显赫成就。

一个小女孩到了向往已久的迪斯尼乐园，还幸运地遇到了乐园的创办人沃尔特·迪斯尼。小女孩激动地问道："您真伟大！您创造了这么多可爱的动画朋友。"

沃尔特·迪斯尼微笑着回答："不，那些是别人创造出来的，不是我的功劳。"小女孩又好奇地问："那些可爱朋友的有趣故事应该是您创作的吧？"

老人还是平静地笑着："也不是，是许多聪明的富有想象力的作者和制作员想出来的。"小女孩认真地打量着自己心目中的大人物，不甘心地问："可是……可是您到底做了些什么呢？"

沃尔特·迪斯尼爽朗地笑了，抚摸着小女孩的头，说："我所做的就是不停地发现这些人，把他们召集在一起啊。"

沃尔特·迪斯尼虽然说得很轻松，可是召集有才能的人在一起并不是一件简单的事情。这需要有发展性的头脑以及超凡的远见。

那些成功的人大都是借用别人的智慧赢得财富的。借助别人的智慧来为自己办好事情，不是什么事情都要亲自去做。你只需要比别人知道的多一些，看到的问题多一些，然后安排人来解决这些问题。简言之，不需要你亲自动手的就放手让别人去做。

"君子善假于物"，精明的人善于用人。也许你可以凭借自己的勤奋和聪明才智获得一定的财富，如果你能把自己和别人的想象力与智慧更好地结合起来，那不是更完美吗？

　　能够发现自己和别人的才能，并能为自己所用的人，就等于找到了成功的力量。聪明的人善于从别人身上汲取智慧的营养来补充自己。用心倾听每个人对你计划的看法是一种美德，是一种虚怀若谷的表现。他们的意见，你不必每个都赞同，但有些看法和心得，一定是你不曾想过、考虑过的。广纳意见，将有助于你迈向成功之路。

　　聪明人都是通过别人的力量，去达成自己的目标。一个人大部分的成就总是承蒙他人所赐；他人常在无形之中将希望、鼓励、辅助投入我们的生命中，从而激活了我们的精神世界，使我们的能力趋于完善。拿曹操来说，在他开创事业的初期，善于听从别人的意见，以赢得普天之下人们的理解和赞许，从而不断壮大自己的势力。在那个君择臣、臣亦择君的年代，他的做法取得了良好的效果，更为他打天下奠定了坚实的基础。所以，一个人要想成功，就一定要学会充分利用众人强大的力量，得到众人的理解和支持，才能兼济天下。

第十四章

沉住气，运气就来了

识时务者为俊杰，自古雄才大略之人皆能顺应时势而成大事，有智慧的人并非雄心勃勃，意气用事，随心所欲。而是能够沉住气，冷静地审时度势，理智地进退，在瞬息万变的社会中把握机遇，扬长弃短，借势而起，从而拥有更辉煌的成功。

有智慧的人，懂得适可而止

一个人要学会选择，选择你喜欢并擅长做的事；一个人要学会放弃，放弃你不想做的事；一个人要学会进退，退一步是为了你更好地前进。

人生如棋局，棋局自有法，进退各有道。天下棋谱有千千万万，重要的不是精通所有。精通所有的人并不见得就是高手，充其量只是一部棋谱大全。真正的高手，能够找到最合适自己风格的棋谱，然后在此基础上不断发展变化。

畅销书作家刘墉说过这样一番话：人生就像登山，你登上了一座山，如果还想登更高的山，就得先从这座山上下来。由此可知，有退才有进。

被称为"海航教父"的陈峰在海航的地位非比寻常，他用了 14 年，带领海航从"买半只飞机翅膀都不够"的 1000 万元起家，充分利用各种融资手段，将资产规模放大近 5000 倍，一举成为中国第四大航空集团。

据海航员工回忆，陈峰在 2000 年时提出一个"379 计划"，即海航要在"3 年之内造就中国品牌企业，7 年之内造就亚洲品牌企业，9 年之内造就国际品牌企业"。而就在第一个目标已经达成，正向第二个、第三个目标迈进之时，陈峰却选择了离开。

当陈峰带着他那招牌式的微笑出现在众多记者面前时，他的身份已经转变为大新华航空集团董事长。不过，陈峰打造世界级航空企业的梦想始终没有动摇。"大新华航空将通过 5 年左右的时间，打造一家世界级航空企业，创建一个世界级的企业品牌。"相比给海航订下的 9 年，这个计划显然更具难度。但陈峰通过宣誓般的陈述，表明了自己的决心。

性格内敛，深谙资本运作之道的陈峰早在几年前，就已经默默地开始了谋篇布局。他拟定了"大新华"战略的三步走计划：第一阶段，从 2002 年起，实现旗下 4 家航空子公司的合并运行；第二阶段，正式挂牌成立新华航空集团；第三阶段，大新华航空争取早日上市。

显然，在陈峰的带领下，另一家国际大公司即将腾空出世。

其实，在不同的场合，陈峰多次发出感慨"搞航空公司是走上了不归路""我每时每刻都如履薄冰，战战兢兢。但是当历史把你推到一个位置的时候，你必须把自己舍掉，无路可走也得走"。如果你注定要从事一个行业，不一定非要专注于一家企业，也许可以暂时从这座山下来，重新爬向另一座山，只有进退有道才能征服更多的山峰。

人生很多时候，更要学会退却，退更是一种策略，一种智慧。《周易》教会我们盈极生亏、满则招损、盛则人衰，当我们在一个位置到达一定高度的时候，不妨适可而止，退一步去看看别样的风景。

有智慧的人并非雄心勃勃，张扬意气，意欲心想事成，万事如意，而是善于审时度势，进退有道，使自身立足于不败之地。

变通，走出人生困境的锦囊妙计

变通是一种智慧，在善于变通的世界里，不存在"困难"这样的字眼。再顽固的荆棘，也会被他们用变通的方法清除掉。他们相信，凡事必有方法去解决，而且能够解决得很完善。

变通，是一种灵活处事的方法。一个人，如果不懂得变通，固守自己的一方水土，只会把自己逼入死角。有时候，灵活变通会是一个很好的出路。

一位姓刘的老总深有感触地讲述了自己的故事：

十多年前，他在一家电气公司当业务员。当时公司最大的问题是如何讨账。产品不错，销路也不错，但产品销出去后，总是无法及时收到货款。

有一位客户，买了公司 20 万元产品，但总是以各种理由迟迟不肯付款，公司派了三批人去讨账，都没能拿到货款。当时他刚到公司上班不久，就和另外一位员工小张一起，被派去讨账。他们软磨硬泡，想尽了办法。最后，客户终于同意给钱，叫他们过两天来拿。

两天后他们赶去，对方给了一张20万元的现金支票。

他们高高兴兴地拿着支票到银行取钱，结果却被告知，账上只有199900元。很明显，对方又耍了个花招，他们给的是一张无法兑现的支票。第二天就要放年假了，如果不及时拿到钱，不知又要拖延多久。

遇到这种情况，一般人可能一筹莫展了。但是他突然灵机一动，于是拿出100元钱，让同去的小张存到客户公司的账户里去。这样一来，账户里就有了20万元。他立即将支票兑现。

当他带着这20万元回到公司时，董事长对他大加赞赏。之后，他在公司不断发展，5年之后当上了公司的副总经理，后来又当上了总经理。

显然，刘总为我们讲了一个精彩的故事，他运用自己的智慧，将一个看似难以解决的问题迎刃而解了，因为他的变通，才使他获得不凡的业绩，并得到公司的重用。可以说，变通就是一种智慧。事实也一再证明，看似极其困难的事情，只要用心去寻找变通方法，必定会有所突破。

委内瑞拉人拉菲尔·杜德拉也正是凭借这种不断变通而发迹的。在不到20年的时间里，他就建立了投资额达10亿美元的事业。

在20世纪60年代中期，杜德拉在委内瑞拉的首都拥有一家很小的玻璃制造公司。可是，他并不满足于干这个行当，他学过石油工程，他认为石油是个能赚大钱并能更好施展自己才干的行业，他一心想跻身于石油界。

有一天，他从朋友那里了解到，说是阿根廷打算从国际市场上采购价值2000万美元的丁烷气。得此信息，他充满了希望，认为跻身于石油界的良机已到，于是立即前往阿根廷活动，想争取到这笔合同。

到了那儿之后，他才知道早已有英国石油公司和壳牌石油公司两个老牌大企业在频繁活动了。这是两家非常难对付的竞争对手，更何况自己对经营石油业并不熟悉，资本也不雄厚，要成交这笔生意难度很大。但他并没有就此罢休，他决定采取变通的迂回战术。

一天，他从一个朋友处了解到阿根廷的牛肉过剩，急于找门路出口外销。他灵机一动，感到幸运之神到来了，这等于给他提供了同英国石油公司及壳牌石油公司同等竞争的机会，对此他充满了必胜的信心。

他随即去找阿根廷政府。当时他虽然还没有掌握丁烷气，但他确信自己能够弄到，他对阿根廷政府说："如果你们向我买2000万美元的丁烷气，我便买你2000万美元的牛肉。"当时，阿根廷政府想赶紧把牛肉推销出去，便把购买丁烷气的投标给了杜德拉，他终于战胜了两个强大的竞争对手。

投标争取到后，他立即开始筹办丁烷气。他马上飞往西班牙。当时西班牙有一家大船厂，由于缺少订货而濒临倒闭。西班牙政府对这家船厂的命运十分关切，想挽救这家船厂。

这一则消息，对杜德拉来说，又是一个可以把握的好机会。他便去找西班牙政府商谈，杜德拉说："假如你们向我买 2000 万美元的牛肉，我便向你们的船厂订制一艘价值 2000 万美元的超级油轮。"西班牙政府官员对此求之不得，当即拍板成交，马上通过西班牙驻阿根廷使馆，与阿根廷政府联络，请阿根廷政府将杜德拉所订购的 2000 万美元的牛肉，直接运到西班牙来。

杜德拉把 2000 万美元的牛肉转销出去之后，继续寻找丁烷气。他到了美国费城，找到太阳石油公司，他对太阳石油公司说："如果你们能出 2000 万美元租用我这条油轮，我就向你们购买 2000 万美元的丁烷气。"太阳石油公司接受了杜德拉的建议。从此，他便打进了石油业，实现了跻身于石油界的愿望。经过苦心经营，他终于成为委内瑞拉石油界的巨子。

杜德拉是具有大智慧、大气魄的商业奇才。这样的人能够在困境中变通，寻找方法，创造机会，将难题转化为有利的条件。美国一位著名的商业人士在总结自己的成功经验时说，他的成功在于善于变通。他能根据不同的困难，采取不同的方法，最终克服困难。

对于善于变通的人来说，世界上不存在解决不了的困难，只存在暂时还没想到的方法。懂得变通的人，亦懂得真正的成功之道。

沿着螺旋式轨迹上升，步子才会稳健

人生的际遇有两种，一种是顺境，一种是逆境，在顺境中顺流而上，抓牢机会，或许每个人都能够做到。但面对逆境，许多人却纷纷败退，在逆流中舟沉人亡。

有一位学者说：逆境，逆境，就是危险中的顺境。事实上，世界上任何危机都孕育着机会，山谷凹陷，进而起伏出峰顶；困难打击，进而磨砺出胜利。人生之路上，进一步，退半步，沿着螺旋式轨迹上升，步子才会稳健。在逆境之中，一个人要善于把自己最弱的部分转化为最强的优势，这样才能为自己开拓人生的新局面。

蜚声世界的美国人沃尔特·迪斯尼，年轻的时候是一位画家，但他很孤独，因为他是一个贫困潦倒无人赏识的画家。几经周折，他终于找到了一份工作，替教堂作画。

当时，他借用了一间废弃的车库作为临时办公室，可事情并没有如他期望的那样，命运没有出现一丝转机。微薄的报酬入不敷出，他一直处在逆境中。

更令他心烦的是，每次熄灯后，一只老鼠就"吱吱"叫个不停。他想打开灯赶走那只讨厌的家伙，但疲倦的身心让他没有力气，所以他只好听之任之了。反正是失眠，他就去听老鼠的叫声，他甚至能听到它在自己床边的跳跃声。他习惯了在寂静的午夜有一只老鼠与自己默默相伴。

后来不只在夜里，白天小老鼠偶尔也会大摇大摆地从他的脚下走过，得意忘形地在不远处做着各种动作，表演着精彩的杂技。小老鼠使他的工作室有了生机。它成了他的朋友，他则成了它的观众，彼此相依为命。

那是一个与平常一样的漫漫长夜，他突然又听到一声"吱吱"，那是老鼠的叫声。这一刻，灵光一现，他打开了灯，支起画架，画出了一只老鼠的轮廓。

美国最著名的动物卡通形象——米老鼠就这样诞生了。

迪斯尼经历了许多挫折之后，终于把逆境变为顺境，当然帮助他走出逆境的不是那只老鼠，而是他自己。

逆境是一柄双刃剑，它能将弱者一剑削平，从此倒下，同时它也能够让强者更强，练就出色而几近完美的人格。在不屈的人面前，苦难会化为一种礼物，一种人格上的成熟与伟岸，一种意志上的顽强和坚韧，一种对人生和生活的深刻的认识。

所以，有时候缺点不一定是件坏事，如果引导得好，就能把缺点转化为优点。人生也是如此，我们在逆境的时候，千万不要逃避，而应该勇敢地面对，这样逆境就会变成顺境了。

历史上，一帆风顺的成功者是很少的，更多的成功者其实都是在逆境中探索前进的。高尔基曾在老板的皮鞭下，在敌人的明枪暗箭中，在饥饿的威胁下坚持读书、写作，终于成为世界文豪。富兰克林在贫困中奋发自学，刻苦钻研，进取不息，最终成为近代电学的奠基人。可见，成功人士们或是煎熬于生活苦海，或是挣扎于传统偏见，或是奋发于先天落后，或是发奋于失败之中，他们最终得以成功的秘诀在于朝着预定的目标，砥砺于各种难以想象的逆境之中，奋战逆境，知难而上，终于成为淬火之钢、经霜之梅。

史泰龙在未成名之前十分落魄，连房子都租不起，晚上只能睡在金龟车里。当时，他立志要当一名演员，并自信满满地到纽约电影公司应聘，但都因外貌平平及咬字不清而遭拒绝。在被拒绝了1500 次之后，有天晚上，他意外地看了一场电视直播的拳赛，由拳王阿里对一位名不见经传的拳击手查克·威普勒。这个威普勒在阿里的铁拳下居然支撑了 15 个回合。拳赛一结束，史泰龙立刻找到了创作新剧本的灵感。然后他用了三天时间便写就了一个剧本《洛奇》：一个叫洛奇的业余选手，由于偶然的机会与世界拳王对抗而一战成名。

在他的努力下，终于有人愿意出钱买他的剧本了。这时，他身上只剩40美元现金了，非常需要钱。可是当他听到电影公司不同意由他来主演的时候，他急了。他第一次拒绝了别人。

一些精明的制片人自然看好这个剧本，但史泰龙坚持自己当主角，这一要求令制片商们犹豫不定。很多机会也因此与他擦肩而过。之后几经辗转，直到1855次的时候，史泰龙终于找到了一个支持者，他如愿以偿。

片子以很低的成本在一个月内就拍完了。谁也没想到，《洛奇》成了好莱坞电影史上一匹最大的黑马：在1976年，这部影片票房突破2.25亿美元，并夺走了奥斯卡最佳影片与最佳导演奖，史泰龙获得最佳男主角与最佳编剧提名。在颁奖仪式上，著名导演兼制片人弗兰克·科波拉由衷地赞叹道："我真希望这部电影是我拍的。"史泰龙也因此一炮打响，成为超级巨星。

你能面对1855次拒绝仍不放弃吗？史泰龙能做到，他做到了别人做不到的事，所以他能成功。不敢穿过黑夜的人，永远见不到黎明。面对失败，你会不会就此气馁？是积蓄力量等待下次的迸发，还是就此放弃？其实每个人都会遇到困难，它就如同横在我们生活中的一根栏杆，只有不停地去尝试、冲刺，你才有可能战胜它。

生活中总避免不了许多困难和不幸，但有些时候，它们并不都是坏事。平静、安逸、舒适的生活，往往使人安于现状，耽于享受；

而挫折和磨难，却能使人受到磨炼和考验，变得坚强起来。痛苦和磨难，不仅会把我们磨炼得更坚强，而且能扩大我们对生活的认识范围和认识的深度，使自己更加成熟。这种成熟更能让我们将逆境变为顺境，机遇也好，努力也罢，逆境永远怕那些有心的人。

知道进退，聪明而又精明

"进"与"退"都是处世行事的技巧，是"圆"。是进是退都有章法。该进的时候不进会失去机遇，该退的时候不退会惹来麻烦，甚至是灾难。

依方圆之理行进退之法有一层意思，就是妥当地进退。"进"不张扬，直奔要害；"退"不委屈，妥善收场。既能功成名就，又能远灾避祸是修身处世的秘诀。世间一切事物都在不断变化，世事的盛衰和人生的沉浮也是如此，必须待时而动，顺其自然。这就意味着，为人处世要精通时务，懂得激流勇进和急流勇退的道理。

在古代，有不少真正的权谋家都懂得功成身退的道理。在开创伟业，大展宏图，实现夙愿之后，简单的"一退"，就避开了灾祸。

春秋时期，吴越争雄，越国范蠡在越王勾践身为人奴之时，鼎力效忠。在忍耐了漫长的屈辱之后，越王勾践终于得以东山再起，一举灭掉了吴国，重建越国。而立下赫赫功劳的范蠡在庆功宴上，却悄悄带着西施，乘一叶扁舟离开了。

临走前，他托人送过一封信给他的好友文种，信上说：狡兔死，走狗烹；敌国灭，谋臣亡。越王这个人能容忍敌人的欺负，却容不下有功的大臣。我们只能够同他共患难，却不能同他共安乐。你现在不走，恐怕将来想走也走不了了。可惜，文种没有听其劝告，最后被勾践逼死。文种临死前对天长叹，痛悔自己没有听范蠡的话，而落得被杀的结局。

与文种相反，范蠡带着西施和财宝珠玉，弃官经商，改名换姓，跑到齐国去了。几年后，成为百万富翁，后人称其为商圣陶朱公。

范蠡和文种的一退一进，正好说明了"退"的机会含义。范蠡的"退"，为自己创造了更好的机会，而文种的"进"，其结果却是死路一条。

荀子说，人生如果到了如《诗经》中所说的，"往左，你能应付自如；往右，你能掌握一切"这样的境界，就不会枉为人生了。大丈夫有起有伏，能屈能伸。起，就直上九霄，伏，就如龙在渊；屈，就不露痕迹，伸，就清澈见底。漫漫人生路，有时退一步是为了跨越千重山，或是为了破万里浪；有时低一低头，更是为了昂扬成擎天柱，也是为了响成惊天动地的风雷。

纵观世界历史，大凡能成就伟业者，无不是深谙进退规则之人。退而不隐，强而不显，大智慧者往往掌握了进退方圆的秘诀，为众人敬仰。知晓进退，懂得方圆，是我们能于历史的潮涌中得以应万变的法宝。许多成功人士一生不败，关键就在于用绝了为人处世之道，进退之时，俯仰之间，都运用自如、超人一等。

后退不是失去，而是投资

在生活中，一些人目光只会停留在眼前利益上，无论做什么都不舍一分一厘，只求自己独吞利益。常常因一时赚得小利，而失去了长远之大利。虽然最先能尝到甜头，然而最后却不能饱尝硕果，倒是最先吃亏后退的人有可能占最后的大便宜。在你努力争取的目标上，还不具备绝对的制胜条件时，一定要注意避免和对手遭遇，宁可退避三舍，也不要急于交手。隐藏你的真实意图，以"退"的方式来达到"进"的目的。

在和对手进行斗智斗勇的过程中，沉住气，暂时退一步，忍住一时的欲望，耐得住各种各样的诱惑，保持良好的自我状态，才能取得自己真正的需求。

非洲东海岸是一块非常适合栽培食用油原料花生的地方，花生每年的产量都很高。英国友尼利福公司就是看好这一点，所以，在那里设有大规模的友那蒂特非洲子公司。这里是友尼利福公司的一块宝地，也是其主要财源之一。然而，第二次世界大战结束后，随着非洲民族独立运动的兴起和发展。友尼利福这些肥沃的土地一块块地被非洲国家没收，这使该公司面临极大的危机。

怎么办呢？跟非洲政府和人民抗争到底，还是妥协退让？面对这种形势，公司内部经过长时间的激烈讨论之后，经理柯尔对非洲子公司发出了6条指令：

第一，非洲各地所有友那蒂特公司系统的首席经理人员，迅速启用非洲人。

第二，取消黑人与白人的工资差异，实行同工同酬。

第三，在尼日利亚设立经营干部养成所，培养非洲人干部。

第四，采取互相受益的政策。

第五，逐步寻求生存之道。

第六，不可拘束体面问题，应以创造最大利益为要务。

不仅如此，柯尔在与加纳政府的交涉中，为了进一步获得对方的信任，还主动把自己的栽培地提供给加纳政府，从而获得加纳政府的好感。"舍不得孩子，套不住狼"，果然，不久，加纳政府为了报答他，指定友尼利福公司为加纳政府食用油原料买卖的代理人，这就使柯尔在加纳独占专利权。

柯尔在同其他几个国家的交涉中，也都坚持采用退让政策，结果，在"迂回战术"的连连使用下，柯尔的公司不仅没有真的退下来，反而光明正大地站稳了脚跟。

英国友尼利福公司的经营之道就是"以退为进""以静制动"。只要最终能赢得利益，即使暂时要妥协、退让或者不够体面也没有关系。因为，在一些特殊情况下，只有甘愿妥协退让，才能赢得时机发展自己。退一步，有可能会获得进两步的空间和机会，结果还是自身获益。

做人也要像做生意这样有进有退，有所为有所不为，必要的退让可以换来更大的利益，一味地咄咄逼人则有可能陷入死胡同。

为下一次的出击留出缓冲

《老子》第三十六章写道："将欲歙之，必固张之；将欲弱之，必固强之；将欲废之，必固兴之；将欲取之，必固与之。"老子这句话体现出了卓越的变通思想，为了捉住敌人，首先要放纵敌人，放长线才能钓大鱼。

世间之事，有些贵在神速，有些则需放慢脚步，有时甚至需要回过头向后退一步。"缓兵之计"中的"缓"就是后退的意思。后退是一种暂时的妥协，并不是怯懦，而是调整，是要为下次的进攻赢得缓冲的时间。

汉惠帝六年（公元前189年），相国曹参去世。陈平升任左丞相，安国侯王陵做了右丞相，位在陈平之上。

王陵、陈平并相的第二年，汉惠帝死，太子刘恭即位。少帝刘恭还是个婴儿，不能处理政事，吕太后名正言顺地替他临朝，主持朝政。

吕太后为了巩固自己的统治，打算封自己娘家的侄儿为诸侯王，首先征询右丞相王陵的意见。王陵性情耿直，直截了当地说："高帝（刘邦的庙号）在世时，杀白马和大臣们立下盟约，非刘氏而王，天下共击之。现在立姓吕的人为王，违背高帝的盟约。"

吕后听了很不高兴，转而征询左丞相陈平的看法。陈平说："高帝平定天下，分封刘姓子弟为王，现在太后临朝，分封吕姓子弟为王也没什么不可以。"吕后点了点头，十分高兴。

散朝以后，王陵责备陈平为奉承太后愧对高帝。听了王陵的责备，陈平一点儿也没生气，而是真诚地劝了王陵一番。

陈平看得很清楚，在当时的情况下，根本不可能阻止吕后封诸吕为王，只有保住自己的官职，才能和诸吕进行长期的斗争。因此，眼前不宜触怒吕后，暂且迎合她，以后再伺机而动，方为上策。

事实证明，陈平采取的斗争策略是高明的。吕后恨直言进谏的王陵不顺从她的旨意，假意提拔王陵做少帝的老师，实际上夺去了他的相权。

王陵被罢相之后，吕后提升陈平为右丞相，同时任命自己的亲信辟阳侯审食其为左丞相。陈平知道，吕后狡诈阴毒，生性多疑，栋梁干臣如果锋芒太露，就会因为震主之威而遭到疑忌，导致不测之祸，必须韬光养晦，使吕后放松对自己的警觉，才能保住地位。吕后的妹妹吕嬃恨陈平当初替刘邦谋划擒拿她的丈夫樊哙，多次在吕后面前进谗言："陈平做丞相不理政事，每天老是喝酒玩乐。"

吕后听人报告陈平的行为，喜在心头，认为陈平贪图享受，不过是个酒色之徒。一次，她竟然当着吕嬃的面，和陈平套交情说："俗话说，妇女和小孩子的话，万万不可听信。您和我是什么关系，用不着怕吕嬃的谗言。"

陈平将计就计，假意顺从吕后。吕后封诸吕为王，陈平无不从命。他费尽心机固守相位，暗中保护刘氏子弟，等待时机恢复刘氏政权。

公元前180年，吕后一死，陈平就和太尉周勃合谋，诛灭吕氏家族，拥立代王为孝文皇帝，恢复了刘氏天下。

在实力悬殊的情况下，"以卵击石"并不是明智之举。所以，行事万不可冲动，在"大兵压境"时，可先暂时采取某种保守后退的姿态与做法，在保守、后退中创造条件、积蓄力量，此时，保全实力无疑是最重要的，即便受点儿委屈，退回走过的路上，也是对自己有利的。待到条件和力量具备，时机成熟时，再"发起进攻"，就好像拳击比赛中运动员先将拳头向后缩回，不是懦弱逃避，而是为了更有力地挥拳出击。

留有退路的人才更有出路

凡有远见的人都不会被眼前的得失所蒙蔽，在适当时机，都能为自己留条后路，为将来提供大展宏图的余地，更是为自己留一条全身而退之道。

人们常说："不给自己留退路"，这作为破釜沉舟、一往无前的精神是无可厚非的，但是在现实生活中，往往充满了变数，勇往直前固然可敬，但也可能因此被撞得头破血流，最终走到山穷水尽之处。所以爱迪生就倡导："如果你希望成功，就以恒心为良友，以经验为参谋，以谨慎为兄弟吧！"

得意时，须寻一条退路，然后不死于安乐；失意时，须寻一条出路，然后可以生于忧患。人生变故，犹如水流；事盛则衰，物极必反。这是世事变化的基本公式。世事既然如此，做人也就应该处处把握恰当的分寸，永远给自己留一条退路。

一只狐狸不慎掉进井里，怎么也爬不上来。口渴的山羊路过井边，看见了狐狸，就问它井水好不好喝。狐狸眼珠一转说："井水非常甜美，你不如下来和我分享。"山羊信以为真，跳了下去，结果被呛了一鼻子水。它虽然感到不妙，但不得不和狐狸一起想办法摆脱目前的困境。

狐狸不动声色地建议说："你把前脚扒在井壁上，再把头挺直，我先跳上你的后背，踩着羊角爬到井外，再把你拉上来。这样我们都得救了。"山羊同意了。但是，当狐狸踩着山羊的后背跳出井外后，马上一溜烟儿跑了。临走前它对山羊说："在没看清出口之前，别盲目地跳下去！"

　　山羊的错误之处在于太过轻信，无论是不假思索跳入井中，还是甘心为狐狸做"跳板"，决定都做得太过草率，根本没考虑后果，没有为自己留条退路，结果落得个可悲的下场。

　　现实生活中，这样的例子也屡见不鲜。比如，一些经营状况不佳的企业，开出优厚条件，吸引精英加盟其中，以求拯救企业。然而，当企业走出困境后，老板却过河拆桥，拒不兑现当初的诺言。寓言中的这口井好比是陷入困境的企业，狐狸好比老板，山羊则是新员工。山羊的经历提醒我们，在做出决定的时候，一定要弄清楚对方的底细和真实想法，为自己留好退路。否则，你就可能成为那只倒霉的山羊。

　　人生是一段漫长的攀登之旅，对自己熟悉的路，可以做进一步的打算，如往旁边小径走走，看看周围有没有新的风景。对不熟悉的路，则要做退一步的打算，在每个分岔路口都做个记号，好知道怎么下山。

　　只有那些知道退路的人才能攀上巅峰。子曰："君子有不幸，而无有幸；小人有幸，而无不幸。"人无完人，能做到完成自己定的目标，不要过于苛求更高的目标。因为当你爬得越高，可能会摔得越疼。好多事情要知道给自己留一条退路才可以攀到人生的最高峰。

　　无论何时，都应该为自己留一条退路，一个人一旦孤注一掷地丢掉原本属于自己所有的东西，就有可能失去一切。"狡兔三窟"，做事留有余地，给自己保留一条退路，就不至于落得一败涂地的下场。记得提醒自己事情不能做尽做绝，如同话不能说尽说绝一样，不是伤人就会被别人伤。当事情做到尽处，力、势全部耗尽，想要改变就难了。

俗话说："月盈则亏，水满则溢。"凡事留有退路，才能避免走向极端。特别是权衡进退得失的时候，更要注意适可而止，尽量做到见好就收，防患于未然，只有这样，才能牢牢握住对日后人生的主导权。

找准时机，趁势而为

我们生活在一个充满机遇的世界里，它对于每个人都是公平的。然而，机遇又是随缘的，是可遇而不可求的。在机遇没有来临之时，我们不必急躁，而应该更加积极努力、蓄势待发；一旦机会来临，我们就找准时机，趁势而上，走上通往成功的道路。

机会稍纵即逝，要善于抓住，当仁不让地表现自己是成功者必须具备的素质。等到一个合适的时机时，应该学会当机立断，避免犹豫不决，贻误良机，这样就可以迅速达到自己的目的。

在电影《飘》中扮演女主角郝思嘉的费雯丽，在出演该片前只是一位名不见经传的小角色。她之所以能够一举成名，就是因为她大胆地抓住了自我表现的良好机遇。

当《飘》已经开拍时，女主角的人选还没有最后确定。毕业于英国皇家戏剧学院的费雯丽，当即决定争取出演郝思嘉这一十分诱人的角色。可是，此时的费雯丽还默默无闻，没有什么名气。"怎样才能让导演知道我就是郝思嘉的最佳人选呢？"这个问题困扰着她。

经过一番深思熟虑后，费雯丽决定毛遂自荐，方法是自我表现。

一天晚上，刚拍完《飘》的外景，因为一直找不到合适的郝思嘉扮演者，制片人大卫又开始愁眉不展了。突然，他看见一男一女走上楼梯，男的他认识，那女的是谁呢？只见她一手扶着男主角的扮演者，一手按住帽子，居然把自己打扮成了郝思嘉的形象。大卫正在纳闷时，突然听见男主角大喊一声："喂！请看郝思嘉！"大卫一下子惊住了："天呀！真是踏破铁鞋无觅处，得来全不费工夫。这不就是活脱脱的郝思嘉吗?!"于是，费雯丽被选中了。

费雯丽的成功完全依赖于她为自己创造的机会。机不可失，时不再来，这是每个人都知道的浅显而深刻的道理。抓住了机会，我们就可能乘风而起，登上成功的巅峰；如果错失了机会，我们就可能会让唾手可得的成功擦肩而过，因而懊悔不已。一位成功人士不无感慨地说："在某些意义上，时机就是一种巨大的财富。"要想有所作为，仅靠蛮干是不行的。

我们必须善于抓住机遇。每一次机遇的到来，对于任何人来说都是一次严峻的考验。它不仅需要我们有坚实的功底和知识储备，更需要我们在看到机遇的时候，拿出拼搏和创新的魄力来。

很多人都问过波司登股份有限公司总裁高德康成功的秘诀，高德康只是笑笑："我没有什么秘诀，只是善抓机遇而已。"

最开始，高德康是靠给别人贴牌制衣经营服装厂。20世纪80年代，羽绒服市场并不被人看好，它臃肿肥大，样式老旧，当时最流行的是皮夹克，很少有人将注意力放在其貌不扬的羽绒服上。但高德康却觉得，老百姓现在的生活还不是特别富裕，不可能人人买得起一件时髦的皮夹克，而物美价廉的羽绒服却是能够买得起的。虽然是季节性服装，但需求量大，只要再稍微改动一下，市场前景还是非常广阔的。

说干就干，他一边继续做贴牌生意，一边学习研究羽绒服的生产技术，几年间，就成为这个行业里的行家里手，并一举向还处于空白状态的市场推出了自己的产品，获得了极大利润。抓住了潜在利润点，高德康的企业发展越来越好，这时他萌生了创建自己品牌的想法，而如今享誉全国的波司登就此诞生。

"善抓机遇"并不简单，首先要做的，是成为一个有心人。高德康能够抓住机遇，进入让他飞黄腾达的羽绒服行业，就得益于他的有心。只有认准时机，才能抓得住时机。错过一个机遇就是错过了一个潜在的改变命运的机会，成功者都是"视机如命"的人。

另外，机会只给有准备的人。否则，即使给你一个绝好的机会，但你的脑子里空空如也，没有任何本领，那也是浪费。所以，我们平时要沉住气修炼自己，在自己所从事的领域练就一身过硬的本领，始终保持在最佳状态，机会来了，才能抓住。

留有余地，才能从容转身

探戈是一种讲求韵律节拍，双方脚步必须高度协调的舞蹈。探戈好看，但要跳好探戈绝非一件轻而易举的事，很多高手均需苦练数年才能达到炉火纯青的程度。跳探戈与处世，有着许多异曲同工之处，亲子、朋友、同事、上下级之间，如果能用跳探戈的方式相处，彼此协调，知进知退，通权达变，不但要小心不踩到对方的脚，而且要留意不让对方踩到自己的脚。这样，人与人之间才能和睦相处，恰到好处。

人生是一场华丽的舞会，聪明人往往选择跳探戈，自始至终保持着优雅奔放、进退自如的姿态。做事亦是如此，聪明人明白事不可做绝，凡事留三分薄面给他人，当时看也许自己吃亏了，但是低头看，自己脚下却多了七分余地。所以，佛家要人心存厚道，多讲人好话，多给人留情面，因为种什么因结什么果，其实这就是给自己留一处空间。

据《桐城县志略》和姚永朴先生的《旧闻随笔》记载：清康熙时，文华殿大学士、礼部尚书张英世居桐城，其府第与一吴姓人家为邻，中间有一条属于张家的空地，向来作为过往通道。后来吴氏建房子想越界占用，张家不服，张吴两家遂发生纠纷，闹到县衙。因两家同为显贵望族，县令左右为难，迟迟不予判决。

张英家人见有理难争，遂驰书京都，向张英告状。张英阅罢，认为事情简单，便提笔挥毫，在家书上批诗四句："千里修书只为墙，让他三尺又何妨。万里长城今犹在，不见当年秦始皇。"张家得诗，深感愧疚，毫不迟疑地让出三尺地基。吴家见状，觉得张家有权有势，却不仗势欺人，深感不安，因此也效仿张家向后退让三尺。于是，形成了一条六尺宽的巷道，名曰"六尺巷"。两家此举随即成为美谈。

留三分余地给人，自己也因此从中受益。让出一堵墙，却换来了两家人融洽的关系，何乐而不为呢？

我们无论处于何时何地，都会遇到各种各样的人，都要同各种各样的人相处。在人际关系中，难免会出现磕磕碰碰，难免会发生问题。有人说：只要有人的地方，就会有争斗。有的人在争斗的时候往往为顾及自己的利益而去伤害他人，最终连自己也受到了伤害。

一个青年到河边钓鱼，遇到一个捕蟹老人，身背一只大蟹篓，但没有盖上盖子。他出于好心，提醒老人说："大伯，你的蟹篓忘了盖上盖子。"

老人回头看了他一眼，微微一笑："年轻人，谢谢你的好意。不过你放心，蟹篓可以不盖。要是有蟹想爬出来，别的蟹就会把它钳住，结果谁都跑不掉。"

那一篓互相钳制的螃蟹是否曾想到，钳住别人也就堵住了自己的出路。这个故事启示我们：事不可做绝，凡事给别人留有余地，才能给自己留有余地，也才能从容转身。

人要看多远而走多远，而不是走多远看多远。所以我们要沉住气，多重视形势的动态发展，对未来情况做出尽可能精确的判断，做到心中有谱，留点儿余地，自己才能进退自如。

反求诸己，才能不断进步

孟子说："权，然后知轻重；度，然后知长短。物皆然，心为甚。"意思是说一件东西，用秤称过，才知道它的轻重，用尺量过，才知道它的长短。世间万物，也都是这样，要经过某些标准的衡量，才知道究竟。而一个人的心理，更应该如此，经常反省衡量，才能认识自己、改善自己。孟子提出了一个个人成长的重要原则，就是要反求诸己，遇到问题多从自己身上找原因，这样才能进步。

2005 年，高小楠一毕业就顺利进入一家外企在武汉设立的办事处。不菲的薪水，较大的发展空间，令很多同学美慕不已。公司不大，人尽其才，高小楠渐渐成长为一个合格的销售助理，辅助销售人员处理一些货运、文档方面的工作，可以独当一面。高小楠渐渐骄傲起来，对销售人员乃至部门经理安排的事情，要么就是有选择性地做，要么就忘在脑后，态度甚至有点儿傲慢。

好在高小楠是公司唯一的女性，外表也时尚漂亮，有时跟同事发生矛盾，只要不是原则问题，总经理以"男士要有绅士风度，不要跟女孩子计较"为由，让男同事礼让高小楠几分。有一次，高小楠和 4 个同事一起去参加北京的展会，开展当天，由高小楠负责的好几个文档都遗留在家，虽说事后有在武汉的同事用邮件补救，但也对工作有所耽搁，几个同事不满，说了她几句。回武汉后，高小楠竟赌气递上辞呈，总经理为稳定团队，挽留了她，高小楠因赢得"胜利"而得意扬扬。可没承想此后，递辞呈成了高小楠的"杀手铜"，一有不如意就赌气辞职，2006 年年底，总经理终于在辞职信上签名准许，对于这次"弄假成真"，高小楠叫苦不迭。

高小楠条件不可谓不好，然而她并没有被自己的同事和上司所认可，其原因就在于高小楠处处从自我出发，不能从公司大局和团队合作的角度上考虑问题，在自己工作有了一点点起色之后，又不能反思自己的不足，知耻而后勇，反而处处意气用事，最后自尝苦果，白白浪费了大好的工作机会。

　　反求诸己的自我省察是一种高尚的人格修养，同时，也是一种睿智的生存智慧。唐太宗李世民说过："以铜为镜，可以正衣冠；以人为镜，可以明得失。"孔子在《论语·里仁》里也教导人们要"见贤思齐，见不贤而内自省"，"见贤思齐"是说好的榜样对自己会产生震撼作用，驱使自己迎头赶上；"见不贤而内自省"是说坏的榜样对自己会产生"教益"，让自己吸取教训，不跟随别人堕落下去。这句话为我们不断反省和完善自己提供了一个很好的启示，很多在事业上卓有成就的人都是在不断学习别人的优点，反省自己不足的过程中不断进步的。

　　人生最大的敌人是自己。只有时刻反省自己的人才能够不断进步。英国诗人布朗宁说过，能够反躬自省的人，就一定不是庸俗的人。反省是一棵智慧树，只有深植在思维里，它才能与你的神经互联，为你提供源源不断的智慧，让人生这条路变得简单、精彩起来。反省也是一种做事态度，只有那些认真审视自己，时刻反省自己的人，才可能真正地踏实做事。

图书在版编目（CIP）数据

别让沉不住气毁了你 / 宿文渊编著. — 北京：中国华侨出版社，2017.12
（2018.9重印）

ISBN 978-7-5113-7293-2

Ⅰ.①别… Ⅱ.①宿… Ⅲ.①人生哲学—通俗读物Ⅳ.①B821-49

中国版本图书馆CIP数据核字(2017)第309053号

别让沉不住气毁了你

编　　著：宿文渊
出 版 人：刘凤珍
责任编辑：滕　森
封面设计：冬　凡
文字编辑：李　茹
美术编辑：牛　坤
经　　销：新华书店
开　　本：880mm×1230mm　1/32　印张：8.5　字数：179千字
印　　刷：三河市燕春印务有限公司
版　　次：2018年1月第1版　2021年11月第9次印刷
书　　号：ISBN 978-7-5113-7293-2
定　　价：36.00元

中国华侨出版社　北京市朝阳区西坝河东里 77 号楼底商 5 号　邮编：100028
发 行 部：（010）88893001　　　传　真：（010）62707370
网　　址：www.oveaschin.com　　E－m a i l：oveaschin@sina.com

如果发现印装质量问题，影响阅读，请与印刷厂联系调换。